小児科医のぼくが伝えたい　最高の子育て

兒科權威傳授的最高教養法

放下焦慮，耐心陪伴，相信孩子的能力，就是最好的教養

高橋孝雄—著
胡慧文—譯

孩子幸福，全家都幸福！

感謝你翻開本書。

我不是兒童教育專家，究竟為什麼要寫這本書呢？

這是因為我希望世上所有的孩子，都能得到幸福。

唯有孩子幸福的社會，才有富足和未來可言。

不管是生病的孩子也好，還是健康的孩子也好，我身為小兒科醫師，見過許多孩子，也因此認識他們的父母。到了這個年紀，我終於領悟到拉拔孩子長大是怎麼一回事，教育孩子又是怎麼一回事。

專門為孩子看病的我，想傳達給各位父母的，其實都是些理所當然的事。只不過，由於父母們每天忙於照顧孩子的生活、專注在工作上，稍不留神就把這些淺顯易懂的根本道理全都拋到腦後。

但願各位可以不時拿出本書，一讀再讀，喚回自己對孩子的初衷。

推薦序

最好的教養，是以「孩子」為中心，協助他們成為理想中的自己

臨床心理師　林希陶

拜讀了慶應大學小兒科高橋孝雄教授的新書《兒科權威傳授的最高教養法：放下焦慮，耐心陪伴，相信孩子的能力，就是最好的教養》，裡面提到許多養育小孩需要注意的原則，確實令人印象深刻。高橋先生就像是一位經驗豐富的長者，將他一生最精華的內力修為一次展現，語調輕鬆，舉例生動，沒有艱澀困難的醫療名詞，也沒有語焉不詳的內容概念，平實地融合自己的經驗，娓娓敘說最適合小孩的教養方式。本書的內容確實可以打動讀者，滿載想一口氣讀完且好用的育兒觀念。如果每一本醫療相關的書籍都可以如此簡單易懂、言之有物，對讀者來說就是最美好的禮物了。

書中許多觀念與我提倡的「以小孩為中心」育兒理念，不謀而合。本書反覆強調以小孩為主體，以孩子現有的能力為基礎，不揠苗助長，也不妄自菲薄，盡量讓孩子們多方嘗試，他們自動就可以成長茁壯，自然發展出自己專屬的目標與道路，並且逐漸成為自己理想中的人。父母的角色只是協助者，而非強行干預的破壞者。書中甚至舉出很多幼小的孩童，他們所學的才藝，如芭蕾、鋼琴等等，都是父母自己的未竟夢想，加諸在他們身上，小孩可能根本興趣缺缺，未必真心想學，僅是草草應付罷了。況且小孩本身的先天條件，如四肢長短、手指長度、音感好壞等，都已經受限，強逼小孩不斷地鍛鍊，未必能幫大人圓夢。如果這些課程真的是大人小時候的心願，那大人應該負起自己該負的責任，重拾夢想勇往直前，如此既可以成為小孩的榜樣，也可以藉此鼓勵孩子，「沒有什麼事情是嫌太晚的」，只要有巨大的熱情與興趣，自然能完成自己心目中的志業。

另外，書裡面不斷提及的「同理能力」、「自主能力」、「自我肯定感」，對於父母與小孩而言，是相當可貴的三大能力。小孩未來能否在一個領域上發光發熱，這三項能力可視為基石。

關於「同理能力」這一點，個人可以幫忙再深入補充。「同理」一詞是社會大眾經常使用的詞語「Mg U Cu Li Zn」（化學元素周期表中的「鎂鈾銅鋰鋅」，音近「沒有同理心」），年輕人更是琅琅上口，但是大家都忽略了，要擁有同理心，有一個非常重要的前提，就是「傾聽」：一定要先有傾聽，同理心才會出現。傾聽說來容易，但能做得好的人可說是少之又少，大部分的人聽完別人述說後，只會忙著發表自己的意見，完全忘記傾聽的本質。良好的傾聽應該是這樣的：聆聽的態度親和，眼睛看著對方，注意聽對方說話，適時發出「嗯」、「欸」、「喔」等肯定的附和語句，並在肢體語言上傳遞出正在認真聽的訊息，如點頭、身體略往前傾。聽了一段時間之後，摘要對方重要的內容，並且說出鼓勵對方持續往下講的「然後呢」、「原來如此」等語詞，如此一來才有可能讓對話繼續。在整個過程中，不會有「是嗎？」、「真的是這樣嗎？」這種輕易就否定對方的話語。像這樣具備了良好的傾聽要素，所謂的同理心才有可能出現。

作者也運用傾聽、同理心的方法在自己臨床的兒童個案身上，並且從這樣的過程中，獲得巨大的回饋。高橋先生誠懇地搜集自己行醫的寶貴經驗，並撰寫成平易近人、簡單易懂的教養原則。難怪這本書會在日本引起了風潮，並成為日本亞馬遜親子類銷售冠軍。個人非常樂於推薦此書，也盼望台灣的家長，可以從「事事比較、處處逼迫」的台灣育兒環境中解放出來，讓孩子們真正邁向屬於自己寬廣的未來。

（本文作者為臨床心理師，專長為臨床兒童心理病理、臨床兒童心理衡鑑、臨床兒童心理治療與親子教養諮詢。近來因生養雙胞胎，致力於嬰幼兒相關教養研究，並將科學育兒的經驗，集結為《心理師爸爸的心手育嬰筆記》。主持臉書專頁「陶然心理工作室」、PanSci 專欄《科學帶大孩子》及個人部落格「暗香浮動月黃昏」。）

前言

我在一九八二年成為一名小兒專科醫師。當我披上白袍，把聽診器掛在脖子上，整理好醫生袍後，就面帶慈祥微笑，凝視著病童的眼睛，輕聲問道：「你身體哪裡不舒服呀？」我自認看起來是有模有樣，可以稱得上是「不折不扣的小兒科醫師」。

行醫三十六年來，從呱呱墜地的新生兒，乃至未滿十八歲的青春期少男少女，我認識了幾萬個孩子。而在身心病痛或遭遇難關的孩子身邊，總是伴隨著焦急擔憂的母親。猶記得成為小兒科醫師之初，師長教我的第一件事，便是「想治好孩子的病，就得一併治好母親的問題」。

然而，我光是照顧眼前生病的孩子就已經分身乏術，實在沒有多餘的精力去關心媽媽們的不安和孤立無助。那時的我慧根尚淺，並沒有想到一天二十四小時陪伴在孩子身邊、給孩子無微不至的「醫療照顧者」，不是我們這些醫生，而是生病孩子的媽媽。再簡單不過的道理，我卻用了二十多年的時間，才終於領悟過來。直到這個年紀，我才真切體悟到，自己身為小兒科醫師，傾聽孩子與其父母的聲音，成為他們的代言人，是一件多麼重要而有意義的工作。我的任務不只要讓孩子們健康快樂，也要讓媽媽們早日展露安心的笑容。

不過，我經常看到的卻是：孩子們即便健康活潑，媽媽的煩憂依舊綿綿無盡期。這恐怕是因為各種親子教養和營養保健的資訊洪流鋪天蓋地，讓媽媽們無所適從，又認為「沒把孩子帶好全是自己的錯」，害怕「現在不做將來會後悔」的求好與自責心態，折磨著現代的母親們，造成她們心中難以承受的重大壓力。

事實上，父母可以為孩子做的唯有一件事，那就是「信任孩子的能力」，用歡喜心守護並陪伴投胎來當自己子女的孩子，只要做到這樣就足夠了。你問我這是什麼道理？我這樣說可有真憑實據？為了給大家一個滿意的答覆，所以我才寫下這本書。

早產的巴掌仙子，大腦是沒有皺褶的，但是只要耐心等待，即便是睡在保溫箱裡，小腦袋一樣會自然刻畫出和大人相同的皺褶。小小貝比也會微笑、凝視、發出聲音、伸長手臂、緊握住東西。有的嬰兒出生時會陷入「假死」的危急狀態，正當你以為小生命就要不保時，他卻忽然像是履行某種承諾似的，重新吸進一口氣。筆者親身參與過種種「奇蹟時刻」，深切感受到世間確實存在著「遺傳基因[1]撰寫的劇本」。這劇本啟發了我的想法：如果父母願意信任孩子潛藏的能力，他們應該就比較能用自在愉快和開明豁達的心情，來陪伴孩子成長。

我們的身上都帶著來自雙親的遺傳基因，有一天也會把這套基因圖譜傳給孩子，孩子又會傳遞給下一代，代代接棒。肉眼看不見的遺傳基因，正是我們「相信孩子」的根據所在。當你知悉這天地間的奧妙，認識到「原來如此，我明白了，孩子與生俱來的天賦實在太神奇」，想必就能夠從每天情緒焦慮緊繃的育兒地獄中解脫，只想立刻緊緊摟抱住眼前的孩子。

接下來，我要開始講述一篇篇乍看平凡無奇的「奇蹟故事」了。各位如果可以從本書的故事中得到些許啟發，那便是筆者莫大的安慰。

1 譯注：遺傳基因是決定生物遺傳特徵的基本單位，位於細胞核裡的染色體當中，決定了生物的性狀。每一個基因控制人體中某一種特徵，而且基因之間會交互影響。

CONTENTS

孩子的個性、能力和才華，都受到父母遺傳基因的允諾及守護，
大可不必與其他孩子或標準值比較，動輒患得患失。
讓我們全心相信孩子的未來，守護他們的成長吧！

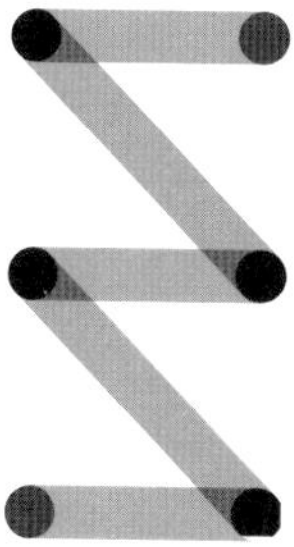

CHAPTER 2

該如何排解養兒育女的滿腹煩憂？

關於「教養」這件事，
隨各方說法起舞毫無意義，
讓孩子自由發揮與生俱來的天賦，就是給予他們美好的人生。

CHAPTER 3

培養孩子不可或缺的三大幸福能力

孩子能文能武固然令人欣慰，
不過養成孩子具備「同理能力」、「自主能力」、「自我肯定感」，
這三大能力是父母應盡的責任，也是相當重要的事。

CHAPTER 4

病童教我的事

我身為小兒科醫師，與許多病童有了生命的交會，見識到孩子與生俱來的強大能力與造化弄人的威力。我也把這些寶貴的學習，分享給在育兒上患得患失的父母。

CHAPTER 1

孩子的個性和才華，都來自父母的遺傳

孩子的個性、能力和才華，

都受到父母遺傳基因的允諾及守護，

大可不必與其他孩子或標準值比較，動輒患得患失。

讓我們全心相信孩子的未來，守護他們的成長吧！

遺傳學上不可能有「鳶鳥生出老鷹」這種事！

漫步在海邊，不時可看見天空中展翅盤旋的鳶鳥，偶爾發出的長嘯聲迴盪在天際，平添幾許自由翱翔的悠遠意境。老鷹和鳶鳥同樣都有彎鉤型的嘴喙與淩厲的眼神，但是前者韌性更為堅強，擒獲獵物絕不放手的兇猛性情更勝一籌，雖然都同屬於鷹科，卻是完全不同性格的兩種鳥。

日語有句俗諺說：「鳶鳥生出老鷹」，意謂平凡的父母卻生出才情不凡的優秀子女。而當世人說到誰是「鳶鳥生出老鷹」時，話語中總會透露幾分酸味，或許也有種不得不甘拜下風的服輸之意。

但無論如何，鳶鳥是不可能生出老鷹的。

且慢，不過我們不是常聽到有那種爸媽在念書時成績總是敬陪末座，孩子的功課卻名列前茅，還高中頂尖大學的真實例子嗎？的確，乍看之下，這類真人實例彷彿正是「鳶鳥生出老鷹」的最佳詮釋。不但如此，也常聽說有父母缺乏音樂素養，又沒好好栽培兒女接受菁英教育，孩子卻成為傑出音樂家，這不也是「鳶鳥生出老鷹」的證明嗎？

話不是這麼說的。讓我先從不會讀書的父母，卻生出狀元之謎說起。父母沒把書讀好，或許是因為家庭條件或大環境的狀況不允許，讓他們未能從小養成讀書的習慣；或者他們只是沒有掌握到讀書的要領罷了。如果當年有明師指點，或是環境條件齊全，說不定這些父母念書也能念得頂呱呱，大家應該不會否定這種可能性吧！也就是說，狀元的父母骨子裡其實並非鳶鳥，而是老鷹呢！

再來，說到音樂家的父母，他們的才華或許完全不遜於身為音樂家的孩子，倘若當年有良好的機緣接觸音樂，很可能早就在樂界大放異彩了。這些父母看似鳶鳥，本質其實是老鷹，即便老來才學習樂器，技藝照樣能快速精進；開口唱歌，也能展現演唱家的歌喉。

遺傳學上雖然有所謂的「基因突變」，但是鳶鳥的基因會突變為老鷹這種事，是不可能發生的。再平凡不過的父母，卻有出類拔萃的孩子，這是與生俱來的遺傳信息「擺盪」得來的結果，而且一切擺盪都在「正常的振幅之內」，並非什麼特異現象。就好比遺傳基因寫好的劇本裡，仍有「留白處」，給人們自由發揮的餘地。

反過來也說得通。父母都是才高八斗的一方之霸，但孩子的表現卻普普通通，這樣的父母或許暗自怨嘆「孩子怎麼都沒遺傳到我好的地方」。先別急，父母如果是老鷹，孩子也不可能差太多，因為老鷹是不會生出鳶鳥的。孩子也許只是沒有自覺到本身的才華，或是不懂得善用自己的才華罷了。

鳶鳥只會生鳶鳥，老鷹只會生老鷹，燕子只會生燕子，雀鳥只會生雀鳥。《安徒生童話》裡雖然有則〈醜小鴨變天鵝〉的故事，然而，醜小鴨一開始就不是鴨子所生。重點不在於不同的鳥種有何優劣之分，而是該如何充分發揮承襲自父母的遺傳基因特質。

「男孩像媽媽，女孩像爸爸」的市井傳言，毫無科學根據

家裡有小生命來報到，親朋好友、街坊鄰居總喜歡來湊熱鬧，看看孩子是長得像爸爸，還是像媽媽？市井傳言說，「如果是男孩，五官會像媽媽；如果是女孩，五官會像爸爸」。眾人繪聲繪影，說得彷彿真有一回事。至於身為小兒科醫師的我，看到孩子不僅拷貝父母的五官，就連手腳比例，乃至個性與思考，都近乎複製上一代，兩者相似度之高，每每嘖嘖稱奇，深刻領教遺傳基因的驚人威力。

以下一節會詳細說明的「酒量」為例，這是由單一遺傳基因決定的體質，屬於單純的「單基因遺傳」；五官相

貌，則牽涉到多重遺傳基因的複雜作用，因此稱為「多基因遺傳」。身高和骨骼等，也是多基因遺傳的結果。

遺傳性疾病同樣分為「單基因遺傳疾病」與「多基因遺傳疾病」兩種。比方說，合成荷爾蒙或分解脂肪、醣類的相關功能缺陷，以「單基因遺傳疾病」占多數，而先天性心臟病、唇顎裂等形體異常的疾病，大多數是屬於「多基因遺傳疾病」。附帶說明，可以透過基因篩檢得知的疾病，幾乎都是單基因遺傳疾病，其中也包含能用基因療法治療的疾病。

不久前，偶像團體 SMAP 成員木村拓哉的二女兒木村光希，以時尚模特兒的身分在演藝圈正式出道。光希是木村拓哉與同為藝人的妻子工藤靜香所生，遺傳自母親纖細修長的身材，配上與父親一個模子刻出來的臉蛋，立刻成為最熱門的娛樂新聞話題。大家也不免好奇，孩子會長得像爸爸還是媽媽，究竟是如何決定的呢？

毫無血緣關係的夫妻，當然遺傳上不會有相似的地方，但孩子「不是像爸爸，就是像媽媽」，多少總會在他們身上看到父母的影子。

姑且不論孩子小時候像誰，女生的長相終究比較女性化，而男生看起來就是較為陽剛。特別是青春期以後，女孩更加顯現女性細緻柔和的五官線條，男孩則更顯現出精幹的神情。所以說，女孩像媽媽，男孩像爸爸，其實是比較合理的解釋。再說，木村拓哉在十多歲，乃至青年時期，長相本來就比較偏向「女性化」的甜美氣質。因此，光希長得像爸爸，也不是什麼稀奇的事。

不過，各位應該也常聽說「孩子小時候像媽媽，年紀愈大愈像爸爸」這種事，看似變來變去的例子，更叫人好奇箇中原因。其實，人的顏面中央，也就是眼鼻部位，是決定長相的主要位置。這一部位的塑造，是由多重遺傳基因共同決定，鼻眼遺傳自父母的哪一方，便決定了孩子會長得像爸爸還是媽媽。

女兒的長相卻出乎意外地像爸爸，比較容易給人強烈的印象，這或許就是「女孩子會長得像爸爸」的傳言由來，猶如都市傳說一般，純粹是沒有根據的主觀感受。

延續遺傳的話題，各位知道是什麼因素來決定男女的性別嗎？答案是「性染色體的組合」。人類的性染色體有「X」與「Y」兩條染色體，XX的組合決定個體成為女性；XY的組合決定個體成為男性。雖然說性染色體的配對組合，在卵子受精的當下就已經決定，不過肉體成形的初期，基本上並沒有男、女性生理構造的差異，如果順其發展不變，最後都會長成女性個體。

但是，大約在胚胎成長到第八週左右，體內有Y染色體的胎兒，也就是男性胎兒，其SRY的遺傳基因會開始啟動，促使體內製造男性荷爾蒙，進而形成男性生殖器官，SRY就是前述的單基因遺傳中的一種。

胎兒製造男性荷爾蒙的多寡，取決於製造男性荷爾蒙的遺傳基因能力；而男性荷爾蒙製造量的多寡，會影響性染色體所決定的生理性別和性器官發育程度，甚至也會影響到個體將來的性別認同（心理上認同自己是男生或女生），以上全都是由遺傳基因決定。

無法認同自己與生俱來的生理性別，感到自己和社會認定的性別格格不入，這種性別認同障礙和心理糾葛造成的痛苦，絕非外人所能理解。而主宰性別意識的不是別人，正是遺傳基因，所以這不是任何人的責任，也不是父母的教養或教育方法有錯，沒有人該為此受到責難。男孩即便從小穿粉紅色洋裝，女孩學爬樹和格鬥技巧，若是透過日後的教育，是可以免除孩子性別認同困難的狀況。

如果撇除生理上的先天差異不談，男性和女性在社會上本該是平等且對等的關係。不過，男女的遺傳基因仍然存在著先天上的差異，所以女性的體態線條圓潤，男性的線條剛直，這些特徵老早就寫在遺傳基因的劇本裡，我們只是照著劇本演出罷了。

擁有Y染色體的男性，與沒有Y染色體的女性相比，自然就是會表現出男性特有的個性和行為模式。舉個最常見的例子來說，女性對各種紀念日往往如數家珍，牢記不忘，反觀男性，光是要記住家人的生日和結婚紀念日，就已經相當吃力。

再說到男孩子小時候，不僅比同年齡女孩幼稚，而且還頑皮好動，或許就是Y染色體搞的鬼。為管教調皮搗蛋的兒子而精疲力竭的父母，只要轉念想想，這現象只不過是男性特有的遺傳基因在作祟，應該就能釋懷。

儘管男孩比女孩活潑好動，但生命力卻不如女孩。從早產的新生兒來看，同樣的週數與體重，女嬰的存活率會比男嬰高。事實上，新生兒的性別比例，男嬰多於女嬰，但是長大成人後，達到生育年齡的男女人口比例，卻幾乎是一半一半。看來，遺傳基因對於男女性別的壽命，自有它的安排。

遺傳基因不會改變，但卻為了人類的進化預留「空白」

大家認為，遺傳基因最重要的任務是什麼呢？

簡而言之，遺傳基因的主要任務就是「維持不變」，而且是「維持長久不變」。追溯人類歷史至數億年前，你會發現自己身上的遺傳基因竟然和遠古時代的祖先幾乎一致。遺傳基因猶如是躲在牢牢鎖住的密室裡，嚴加看守著我們的生老病死。人類其實先天被賦予強大的能力，無論在多麼惡劣的條件下都能夠活命。儘管在進化過程中歷經反覆地自然淘汰，遺傳基因堅持守護著人類「不得改變的結構框架」，至今仍保持著這個框架的完整。

另一方面，遺傳基因也並非是極盡精密，而不容些許差異的複製品。它所寫的劇本裡，仍保有適度的空白，正因為有些許的「彈性空間」，我們才得以進化。進化不會一步登天，而是在漫漫的時間長河中一點一滴地調整，有朝一日將會完成，而這也是遺傳基因的重要工作。

遺傳基因一方面嚴密守護著重要的架構，一方面又容許個體保有自己的「彈性空間」。「彈性空間」便造就了「個性差異」，讓人類得以在一定的常態之下，個性紛呈。來自父親與母親的遺傳基因，在交互運作下誕生了另一套不同於父母的遺傳基因劇本，蘊藏著遺傳基因強大的神祕力量。

每一個遺傳基因都有可以切換功能活化的開關[2]，而開啟遺傳基因功能開關的狀態就稱為「遺傳基因活性化」。遺傳基因要發揮作用，就必須啟動活化功能才行。睡眠、季節、年齡等都可能影響遺傳基因的活化程度。換句話說，即便不去更改遺傳基因已經畫定的設計圖，遺傳基因的作用仍然會因為每天的生活變化，或是季節的更替、人體的成長而改變。

遺傳基因的作用有ON／OFF的開關調節，說明它的調控是有彈性的，因此我們才得以順應環境。長年的生活環境和習慣、教育等，不只影響我們的身心健康，連同思考和行為模式也受其左右，這正是遺傳基因為我們預做的「空白」所造就的結果。

遺傳基因擁有「維持不變的力量」，同時也留給個體「自由發揮」的空間，讓個體在容許範圍內「靈活變通」，為順應環境而努力，甚至有可能帶來進步。筆者認為，父母親若願意信任遺傳基因的整體能力，並善加運用在孩子身上，就是最強的終極育兒術。

2 編注：人體內有近四百萬個調控蛋白質，它們扮演類似「開關」的角色，可影響正常與異常基因。

身高來自遺傳，但容許正負八至九公分的差異

歐美有一群熱衷於操作遺傳基因的科學家，積極發展「訂製寶寶」的技術，試圖做出頭腦頂尖又兼具高顏值的小生命。

猶記得在日本泡沫經濟的輝煌年代，全國也風靡身材高、收入高、學歷高的「三高」男性，女性甚至把「三高」列為結婚對象的條件。這些女性會把「高個頭」列入如意郎君的條件，多半是因為和這樣的伴侶一起走在街上，看起來比較稱頭，又或者是基於「優生學」考量，本能地考慮到婚後生下的第二代，也能遺傳到爸爸頎長的身材。

的確，孩子的身高是由遺傳基因決

定的。事實上，將父母雙方的身高套入計算公式，可以大致推估孩子的身高，這在小兒科稱為「目標身高」（Target Height），計算公式如下：

男孩　父親身高＋母親身高＋13÷2
※會有正負九公分左右的彈性空間

女孩　父親身高＋母親身高－13÷2
※會有正負八公分左右的彈性空間

各位要不要現在立刻計算一下呢？

假設父親身高一七〇公分，母親身高一六〇公分，兒子的「目標身高」就是（一七〇＋一六〇＋十三）÷二＝一七一．五公分；女兒的「目標身高」則是（一七〇＋一六〇－十三）÷二＝一五八．五公分。

「目標身高」的計算公式，原本是醫生為分辨個頭太小的孩子，究竟是因為遺傳雙親的小個子，還是患有生長荷爾蒙分泌不足的內分泌疾病，所使用的簡便計算方法。後來為了方便向父母親說明，孩子的身高其實也是遺傳性狀的表現之一，因此就把這條公式介紹給民眾。

擔心孩子長不高，或是在意孩子的個頭比同學矮小的父母，可以自行將夫妻倆的身高套入公式計算看看。

然而，有些高個子媽媽憂心的問題正好相反。她們因為長得高頭大馬而吃盡苦頭，所以不想要女兒也和自己一樣受苦，不過這是由遺傳基因決定的事，女兒真要長高，媽媽也攔不住。「高個頭的女人命不好」、「妳再繼續長高下去怎麼辦？」雖是說者無心，但是聽在有「身高情結」的女人耳裡，卻會感到很受傷，因此說話時要多點同理心，不要少根筋。

相反地，對於個頭小的孩子，說什麼「你怎麼比國小一年級的學生還要矮」、「你一定是吃太多零食所以才長不高」這類不經大腦的話，或是沒憑沒據的臆測，一樣十分不妥當。無論如何，民眾只要懂得如何從雙親的身高推估孩子的身高，應該就可以無須過分擔憂，或是抱持過度期待。

筆者在臨床上所見，因為長不高而被爸媽帶來求診的孩子，幾乎都在「目標身高」的正常範圍之內。真正因為內分泌失調而必須接受治療的孩子，可說是少之又少。

我也不是不明白，許多孩子都會有「無論如何都想要再長高一點」、「哪怕只是多長高一公分都好」的迫切心情，但即使一天猛灌幾公升牛奶、努力打籃球，恐怕也難以如願。市面上有號稱能促進孩子發育的營養補充劑，多半不過是噱頭大過實效。

有些研究學者主張像是易胖體質、飲食的偏好等，早都已經寫在遺傳基因裡，不太能作多大的改變。即便真是如此，這些基因表現都沒有身高遺傳來得明確。體重容易受到飲食偏好等生活習慣的影響，所以遺傳基因顯現在體重的影響力就不如身高明顯。

與身高一樣，受到遺傳基因的框架左右而大致成定局的，還有頭圍（頭的大小）。有的媽媽為孩子的大腦袋感到不安，我詢問孩子父母的頭圍，發現通常都大於標準值。孩子的發育如果都在正常範圍之內，幾乎就可以斷定孩子的大頭圍是遺傳得來，不需要過度擔心。萬一雙親的頭圍都不大，但孩子的頭圍卻特別發達，恐怕就要進一步檢查孩子是否有發展遲緩或神經症狀了，因為遺傳基因異常，是有可能引發頭部外觀的改變。

好酒量得自單基因遺傳，是苦練不來的！

有人喝酒千杯不醉，啤酒喝通海，葡萄酒也能整瓶牛飲。相反地，有人沾一口啤酒就面如關公，頭暈心悸樣樣來。酒量好或壞，愛貪杯或是滴酒不沾，能喝或不能喝，這些圍繞著飲酒的話題，正是遺傳基因決定體質的典型範例。

人喝酒會出現爛醉、宿醉的現象，是因為酒精分解後的代謝產物乙醛會引發噁心、嘔吐的生理反應，而「乙醛脫氫酶」這種酵素是可以用來降低乙醛的毒性。人體內「乙醛脫氫酶」作用能力的強弱，能可以決定一個人酒量的多寡，這正好是由雙親的一對遺傳基因所決定。

如同大家所知，孩子的血型來自父母的遺傳基因組合，所以從雙親的血型就可以預測孩子的血型。血型是由遺傳基因決定，並不會受到環境影響而改變，一個人的酒量也是如此。

然而，酒量的好壞，在一定程度上會受到飲酒習慣的影響。或許就是因為如此，所以一般人很難想像「遺傳基因會決定酒量」的事實。

滴酒不沾、沾酒即醉的人，是由於體內一對掌管乙醛脫氫酶的遺傳基因都很弱，從左頁圖示便可得知，這是繼承了aa的遺傳基因組合之故，所以體內幾乎沒有分解乙醛的能力。

在歡慶的場合，或是被人勸酒的特殊情況下，也能和大家喝上一杯的你，遺傳到的是一強一弱的基因組合，也就是Aa或aA的基因組合，乙醛脫氫酶的作用能力算是普通。至於遺傳到父母都很強的AA組合者，就是屬於「酒桶級」的人物了。

用酒量來解釋遺傳基因如何塑造個體的差異性，是很好的示範模型。從父母

決定酒量的六種基因組合模式

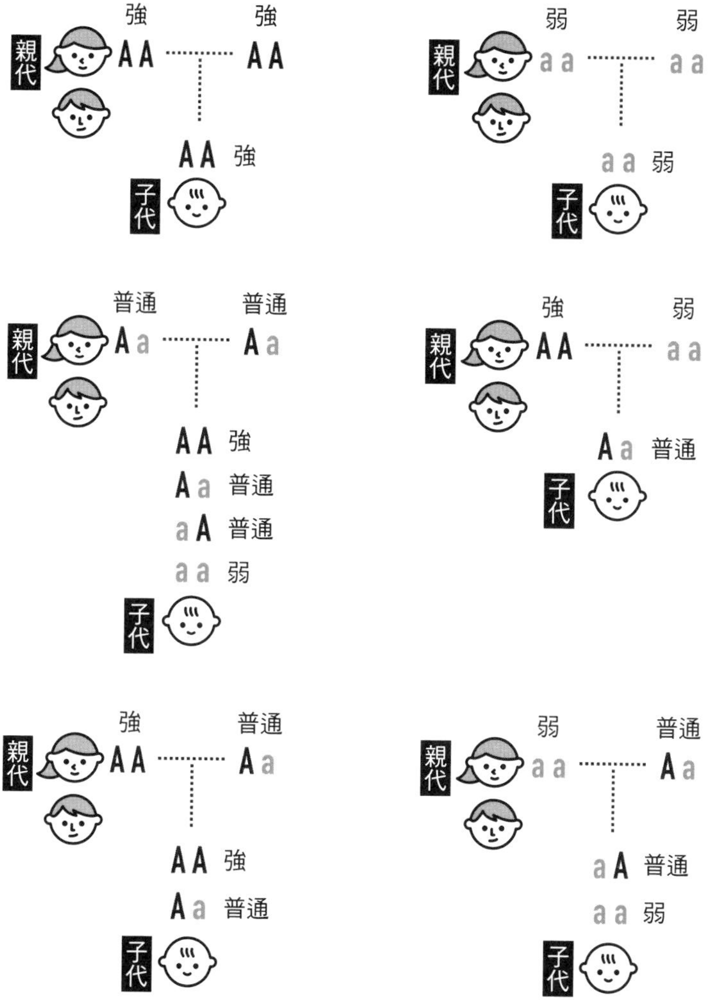

親的酒量如何，即可推測孩子的酒量。

ＡＡ的母親與ａａ的父親，只會生出Ａ與ａ的組合。也就是說，千杯不醉的媽媽與不會喝酒的爸爸，只會生出酒量中等的孩子；雙親如果都是ＡＡ，孩子必定也很能喝；倘若雙親都是ａａ，那麼孩子注定天生就是不能喝，無論他努力訓練酒量也是白費苦心，甚至還可能因為喝多了而有生命危險，千萬不能開玩笑。

由基因決定的遺傳模式，最常見於酒量中等的Ａａ。兩個Ａａ的人結婚，遺傳基因可以配對出「ＡＡ」、「Ａａ」、「ａＡ」、「ａａ」四種組合。如果這兩人生下四個孩子，那麼這四個孩子大概就會有一個酒豪、兩個酒量中等和一個完全不能喝。從機率來說，生下酒豪的機率是二五％，酒量中等的是五〇％，完全不能喝的也是二五％。

請容我再次強調，體內倘若沒有能喝酒的基因，無論如何鍛練也練不成好酒量的。喝不了酒、體質不能喝酒，這是遺傳基因老早決定的事實，一點也不用覺得丟臉，當然更沒有隱瞞或顧慮的必要。假使因為羞愧，而不讓周圍的人知道自己不能喝，若是哪天被人勸酒、灌酒，就有可能引發急性酒精中毒而殞命。

此外，這裡要鄭重強調，完全不能喝這件事，「既不是異常，也不是疾病」。其中的原因，相信各位從上述解說中已經充分理解。酒量的好壞是由「體質」決定，而「體質」是從遺傳基因的多樣性（彈性）衍生而來。

遺傳基因為「設計藍圖」預留的空白，促成個體展露「強勢表現」的例子，可說是不勝枚舉，例如，有的孩子躁動不停；有的則是沉默好靜、只愛一個人玩。儘管孩提時代個性表現有點異於其他人，但事後證明大家都很正常，幾乎沒有人是病態。相信各位也都注意到了，孩子的個人行為特質，比成人的差異性還要大。

身高、膚色、瞳孔顏色等，這些都是得自遺傳基因的特性表現，它們是遺傳基因書寫的「劇本」裡特意預留的空白，也是設想人類進化所需要的彈性空間。

孩子缺乏運動細胞是因為父母也不拿手，跟環境無關

各位還記得學校運動會的最高潮嗎？入選學年對抗接力賽的孩子，那種奮力衝鋒的拚勁，還有勇奪金牌的足球小將們，在球場上抱成一團的歡欣鼓舞，這些一幕幕慷慨激昂的場面，相信在一旁觀賽的家長們也看得熱血沸騰。

當然在體育競技場上有風雲人物外，自然也會有缺乏運動細胞的孩子，只要是和運動沾上邊的事，他們一概沒興趣。就連舞蹈表演或大會體操，他們不是記不住動作，就是跟不上節拍；玩壘球或躲避球，也只有挨打的份；甚至連玩個大跳繩，都會絆到繩子。我說的不是別人，正是小學時代的我、少年高

橋孝雄。

不過，這現象應該不是只發生在我身上，說不定各位家中也有四肢不協調、討厭體育，或是不擅長運動的孩子，讓媽媽傷透腦筋。每年只要學校運動會來臨，或球類賽季開打，大人就得煩惱沒有運動細胞的孩子又要吃癟了。

不擅長運動，其實和遺傳也有很大的關係。若是父母都是跑第一的飛毛腿，孩子的跑速也不會太差；父母的運動神經如果都不發達，就不要指望孩子可以在運動場上大放異彩。

「運動不拿手是遺傳的緣故？那可得快點加強才行！」你是否因此急著要孩子加入體操社團、急尋體育家教來個一對一訓練呢？我認為這些努力其實根本沒必要。為什麼呢？因為我在觀察後發現，強求自己沒有的天分，最後多半不會有好結果，反而徒增自卑感。還不如等到孩子主動要求說：「我老是跑最後一名好丟臉，想要報名參加體能訓練教室，看能不能跑快一點。」這時再來幫孩子的忙也不遲。

父母不要因為怕孩子在運動會丟臉，而自作主張強迫孩子接受他不擅長的體育訓練。父母可以做的，是陪伴孩子一起玩，找出他感興趣的事，讓他覺得活動筋骨原來很好玩。比方說，跑步對孩子而言或許很吃力，但是運用浮力玩水上運動，他卻很在行；如果孩子喜歡火車、汽車，他或許會愛上騎自行車登山。

說到興趣嗜好，大多數人認為這與後天的成長環境有關，但其實一個人喜歡從事戶外活動，還是偏愛室內靜態活動，和遺傳基因也大有關係。回想你和另一半的童年，在操場上是不是很「肉腳」？現在你們為人父母，大約多久出門運動一次？每到週末假日就會上山下海到處趴趴走？還是寧可待在家，或是就在附近逛街買東西消磨時間？

事實已經明白顯示出，想要把不會運動的孩子訓練成身手矯健的體育健兒，那是強人所難；硬要將只喜歡窩在家享受小天地的孩子迫使接近大自然也沒有意思。缺乏某種能力，也是一種個人特質，不必硬要補強或矯正。在小學、中學時代活躍於運動場上的體育健將，確實很帥氣拉風，但是從長遠的人生來看，就算運動不行，還是有其他的舞台可以讓人盡情發揮，不是嗎？

基因注定不拿手的地方，憑藉後天努力也有可能逆轉勝

有的孩子上托兒所、幼兒園的時候，可以和其他小朋友玩在一起，同樂會、運動會樣樣難不倒他。可是一旦上小學後，就遭遇瓶頸了。孩子並非智力不足，但就是有些科目學不來。要他念課文，他不是吞吞吐吐，就是不辨四聲；要他寫國字，總寫得潦草難辨；算術加減有困難，九九乘法表背不起來，也無法理解幾何圖形。

父母不明白孩子上小學以後為何突然變笨，急得亂了方寸。但是，各位可知道，這一切都和遺傳脫不了關係。父母發現孩子不會拚音，也學不好簡單的四則運算，或許以為「我家孩子真的頭

腦不行嗎？難道是智力有問題？」「是不是孩子不夠用功？」然而，原因恐怕不全是這樣。

我要特別呼籲的是，父母千萬別認為遺傳基因決定的事＝再怎麼努力也無法改變的事實，只能認命放棄。

如果孩子不太會記筆記，我們還有平板電腦等行動裝置可以變通；現在也有使用者寫出正確解答時發出音效的ＡＰＰ；無法逐字閱讀的話，大人可以先讀給孩子聽，讓孩子跟著複誦，或許他就能把讀音背起來了。

無論是極度排斥體育活動，或是遭遇學習障礙，如果只是遵循制式的標準作法或強求符合基準，往往無法解決孩子的難題。父母師長應該先肯定遺傳基因造就的個體差異，試著從各種角度，探詢真正適合孩子的學習方式。

說到這裡，讓我回想起一九九〇年左右，在美國哈佛大學留學的往事。當時，我的頂頭上司是一位醫學系教授，她因為發現了引發某種罕見疾病的遺傳基因而享譽國際。其實她本身有學習障礙，而且這個障礙對於她的醫師專業養成和學者生涯，可說是「超級絆腳石」。她罹患的是「失讀症」（Dyslexia），幾乎無法閱讀和書寫，就連看懂句子都有困難，遇到長一點的文章就只能舉雙手投降。你認為，她要如何面對自己的重大學習障礙呢？

不難想像，教授的辦公桌上，每天都有海量的文件資料等著她處理。就算在文件上只需簽個名，都得先一頁頁仔細研讀，充分理解文件內容才能簽核，閱讀量多到連平常人也吃不消，遑論失讀症的患者。幸虧教授從小因為閱讀障礙而吃盡苦頭，早已摸索出一套解決障礙的折衷之道。她會請秘書或助理把文件讀給她聽，確定沒有問題後，才在文件簽字。她在醫學院的課堂上，也開誠布公地坦言自己罹患閱讀障礙。最初聽到這件事，我吃驚不已，不過教授絲毫不以為苦。既然無法自己閱讀，那就請別人念給自己聽，這道理就如同自己實在辦不到的事，那就商請別人幫忙如此而已。她能夠這麼坦然，或許跟她是生活在認同多樣性的美國文化背景下的緣故，而這也是我留學美國獲得的重大啟發。

在日本，患有失讀症的孩子進入小學、中學，很容易被老師視為「偷懶怠惰」、「故意耍廢」，而成為問題學生。幸好也有師長願意理解孩子的難處，協助他們找出克服學習障礙的好辦法。現在已經有專為失讀症開發的易辨讀字型，以及教導失讀症孩子如何摸索出適性學習方法的教學策略。

儘管如此，仍有絕大多數的爸媽和孩子為失讀症而煩惱不已。一想到孩子的前途，以及學業該如何繼續下去，內心難免惶恐不安。這時，請回想我剛才介紹的那位哈佛大學教授的故事。即便看不懂文章，人家還是當上醫學院的主任教授，解開不治之症的謎團。我認為，她能達到今日的成就，是集痛苦糾葛、努力不懈、難得機運和高度天分之大成的結果。尤其多虧了她自身的百折不撓與身邊人的協助，才能夠克服「讀寫困難」的重大障礙，締造傑出的學術與醫療成就。

遺傳基因縱使已經寫好劇本，而且被認為是一部「難演的劇本」，我們也不能因此放棄演出。別把眼光一直聚焦在自己的弱點，而是去找出自己的強項，以及擅長的地方，如此一來人生就可能峰迴路轉。當然，我們不能奢望人人都能像這位教授一樣功成名就，但是有這般了不起的典範作為標竿，著實振奮人心。這也是我無論如何都想要與深陷育兒煩惱的父母，以及失去自信心的孩子們，一同分享的美好事實。

頂級運動員也未必擁有絕佳的遺傳基因

看我說得口沫橫飛，為什麼我會如此熱衷遺傳基因的話題呢？這是因為有關遺傳基因的真實例子多到講不完。遠的例子，如知名演員、歌舞伎演員、政治家、體育明星、諾貝爾獎得主等，以及經常登上媒體的名人軼事；近的例子，有筆者的狀元同學、親朋好友等，個個故事精彩。

你問我，遺傳基因到底是什麼？依稀記得讀國中還是高中的時候，生物課好像教過，又似乎沒什麼印象。沒關係，暫且把模糊的記憶放一邊，讓我們挑戰有點難度的學問，還請各位耐心看下去，別把這段略過才好。

先說說遺傳基因的數量。人體有兩萬多個遺傳基因，猶如兩萬多張設計圖，用來指示胺基酸按照既定的排序，組織成各種蛋白質。每個遺傳基因可以確保多個胺基酸井然有序地排列成形。

請想像用樂高積木堆疊出自己想要的東西，胺基酸就像顏色和形狀都有些許差異的樂高積木，組合形成蛋白質。蛋白質的最大特性，在於它們具備「特定形狀」，而且特定形狀的蛋白質各自會發揮其特定的功能。

每一個遺傳基因都用來指揮特定種類的胺基酸，以特定的數量、特定的順序，組成特定形狀的蛋白質。蛋白質就好比是這些紅色、綠色、咖啡色的樂高積木；蛋白質就是積木堆疊成的蘋果樹；而遺傳基因就是指示樂高積木如何組合成蘋果樹的那張設計圖。

只要能夠正確無誤地合成出對的蛋白質，蛋白質就會自帶功能。接著，大量的蛋白質聚集起來後，就能形成細胞。不同的細胞組成特定的臟器，並且發揮每一種臟器的特定功能。如果組成的是心臟，心臟就會撲通撲通跳；組成的是大腦，大腦就會發出電流。你可以想像，身體在遺傳基因的指揮下，組成一棵棵蘋果樹（蛋白質），蘋果樹又形成蘋果園（細胞）。蘋果園之外，還有其他遺傳基因形成的別種水果園，各式各樣的水果園共同組成了廣大的水果農場（器官）。

懂得解讀遺傳基因裡收錄的信息，也就意味著開始明白生命體形成的過程。如果說形形色色的人生劇本老早已經寫在遺傳基因裡，真是一點也不誇張。

父母期望孩子成為社會菁英，可以是活躍在歐洲聯盟的職業足球明星，或是贏得諾貝爾獎殊榮的專家學者，還是世界級鋼琴家……我們儘管可以懷抱莫大的期待，並且為此激昂不已，但是美夢成真的機率，相信你也是知道的，雖然並非完全無望，不過可能性微乎其微。

擁有足以奪得諾貝爾化學獎奇才的優秀科學家、畢業自世界頂尖大學的狀元、活躍於全球的職業運動選手、接連在奧運會上奪金的體壇傳奇，他們的遺傳基因真的比平凡人卓越嗎？這些組成人中龍鳳的大腦和肌肉的蛋白質，與我們一般人的結構真的有所不同嗎？他們是否真的擁有強大無比的遺傳基因？答案都是「NO」。再怎麼優秀，人就是人，他們成就的輝煌，範圍完全不出遺傳基因寫好的劇本空白處。

以日本「滑冰王子」羽生結弦為例。這位冬季奧運有史以來首位花式滑冰連續奪冠的金牌選手，具備人類少有的運動神經、絕佳的節奏感與藝術品味，還有他得天獨厚的四肢比例，可說是盡得遺傳基因的莫大恩賜，不過這並不表示他擁有與眾不同的遺傳基因。只能說，他在遺傳基因所寫的劇本空白處，激盪出極其亮眼的成績。而羽生選手碰巧從五歲開始學習溜冰，碰巧遇到王牌教練，碰巧生長在一個經濟能力許可的家庭，支持他往溜冰的路上精進等，諸此種種的環境力量加持，讓他遺傳基因裡的美妙天賦激盪出驚人的成果。

天賦受到賞識栽培，可以開花結果，相反地，有些人儘管擁有突出的才華，卻受到不當打壓。有的遺傳基因表現力量強大，反被視為「怪異不當」，硬是被社會以「平庸」、「普通」的標準加以「矯正」，很可能因此造成反效果。

無論如何，陪伴孩子發掘他們的強項，以賞識孩子的心態來教養，才是父母最重要的育兒態度。正如同世間沒有優質的遺傳基因，世間也沒有劣等的遺傳基因，只有打壓遺傳基因自由表現的不當教養，葬送了孩子先天擁有的大好才華。

即使是巴掌仙子，出生體重只有三百公克，也能在遺傳基因的守護下奮力成長

這陣子，以醫療現場為故事舞臺的幾齣電視劇大受歡迎，筆者也看得津津有味。有的劇情是讓外科醫師在開刀房裡演出華麗的炫技刀法；有的劇情則是細膩描寫婦產科醫病之間的種種關係。多虧了電視劇的傳播力量，讓不少人對NICU（新生兒加護病房）一點也不陌生。

有些新生兒在出生時只有巴掌大，一出生就陷入假死狀態，又或是帶著重度先天性心臟病，他們全都在NICU拚了命地活下去。在NICU裡，顯示心律、血壓、血氧量等的生命徵象監視器與警報鈴聲，二十四小時此起彼落地

響個不停，彷彿一座熱鬧的不夜城。發生在NICU裡、由遺傳基因的力量與環境的加持所共同譜寫的生命樂章，或許比任何電視劇都更為奧妙神奇。

胎兒在媽媽肚子裡的成長時間，醫學上以二十八天為一個妊娠月計算，因此，完整孕期大約是十個月，也就是我們俗稱的「懷胎十個月」。從母體受孕前最後一次月經開始算起，四十週前後為平均的預產期。但是，基於某些原因，有些胎兒距離足月還有一大段時間，就迫不及待提前出世，因而被送進NICU，其中包括體重不足一千公克的「超低出生體重新生兒」，他們不只是「低出生體重新生兒」而已，還要再冠上一個「超」字。這些孩子雖然小得不能再小，卻都是不折不扣的「人」。

接下來，筆者要和各位說說這些「超低出生體重新生兒」，又稱為「超未熟兒」的故事。

大家可知道自己的大腦皮質是有皺褶的嗎？人類為了擁有高度能力，大腦皮質必須刻畫一定的皺褶數量與皺褶模式。事實上，大腦皮質的皺褶正是遵循遺傳基因的劇本，精密刻畫而成，每一道皺褶都有名稱，而且具備各自的功能。有的主掌顏面單側的活動，有的驅使視力去感知外界物體的動態等，所有腦部功能都是在「大腦皮質皺褶的地圖」上正確配置而成。

倘若妊娠週數不足二十七週，生下來的寶寶幾乎沒有大腦皮質皺褶。這些大腦皮質光溜溜的新生兒，就會被送進NICU。舉凡氧氣、人工呼吸器、特殊營養物質、抗生素、升血壓藥物、葡萄糖、鈣質、必要的手術，以及所有可能想到的工具或方法，只要能守住小生命，醫師全都用上了。在NICU接受一個月、兩個月的治療期間，小生命的大腦皮質會分毫不差地長出皺褶。這可不是隨手把紙張揉成皺巴巴一團那樣的不規則摺痕，而是有如經過精心計算、細膩操作而成的摺紙藝術品所具備那般完美的皺褶，並且是按照遺傳基因事前已經寫好的順序，細緻刻畫出來的。等到寶寶可以回到爸媽的懷抱時，他們的大腦皮質已經和足月生下的新生兒一樣；換句話說，就是和我們這些大人一樣，刻畫著相同模式的大腦皮質皺褶。

主宰大腦形體與機能的遺傳基因，功能十分強大而且穩定，所以本來應該在媽媽子宮裡安心成長的胎兒，在NICU的人工環境養育下，重要部位也能夠發育完成。即使是在小生命無法攝取充分營養的開發中國家，寶寶同樣擁有正常的大腦皮質皺褶。這說明了只要是應該守護的，遺傳基因總是嚴正把關。各位知道嗎？胎兒即便是有嚴重的營養失調，他們的腦袋，也就是腦部，仍然會長到正常大小。這是因為遺傳基因會優先保住人體最重要的大腦，無論環境條件多麼惡劣，遺傳基因始終堅持保護著孩子們。

一顆中型尺寸的蘋果大約是二百五十公克，而目前的世界紀錄上記載，體重最輕的新生兒為二百六十公克的女嬰。想像把一顆蘋果放在手掌上的重量，大約就是這名小女嬰出生時的體重。至於排名世界第二輕的新生兒，正好就在筆者服務的醫院產房裡出生。那是二〇〇六年秋天，在媽媽肚子裡二十五週就等不及見世的女嬰，出生時只有二百六十五公克，如今的她即將要成為國中生，長得健康活潑。

原本應該在子宮裡舒服過日的小生命，卻一下子被推到外面的世界，被迫吊著點滴，忍受各種醫療處理的疼痛。即便如此，藉助遺傳基因的強力支持，他們仍然按照生命的正常程序，一天天長大。筆者一再見證這樣的奇蹟故事，說明基因威力是如此強大。

體重不滿三百公克的新生兒，結束NICU的治療以後，可以回到自己家裡健康長大，對我們小兒科醫師來說，這個事實就是心靈上的強大憑藉。但願所有出生下來的孩子，都得以享受幸福的餽贈；不只是孩子，連同與孩子攜手走人生路的家人，也都因為陪伴孩子而能一起得到幸福。守護普天下孩子的幸福，關乎著身為小兒科醫師的職業尊嚴，也是我不敢或忘的初心。

孩子誕生下來的那一刻，遺傳基因就已經發揮功用

各位媽媽們還記得自己得知「有喜」的當下，是什麼樣的心情反應？姍姍來遲的佳音讓妳歡騰不已，或是感動到喜極而泣，還是眼前浮現辦公室堆積如山的工作，一時之間不知該憂還是喜。

接下來，妳可能得忍受翻天覆地的劇烈孕吐，還有體內荷爾蒙的起伏跌宕，情緒波動有如坐雲霄飛車，然後又是腿抽筋、腰痛、貧血等症狀，把生活搞得七葷八素。妳隔著隆起的肚皮，慈愛地輕撫寶寶，享受體內孕育著生命的感動，卻又不免期待早日「卸貨」，告別痛苦的懷孕期，就這樣挺過有哭有笑

的十個月。

肚子裡的寶寶無論是手舞足蹈也好，或只是輕輕翻動也好，都會讓準媽媽興奮許久。看著產前檢查的超音波影像，時而擔憂時而歡喜。準備嬰兒服、嬰兒床之餘，也滿心期待著預產日。終於盼到了陣痛來臨，忙不迭地前往醫院分娩。

媽媽們還記得寶寶生下來的第一時間，自己是什麼感受嗎？歡喜、感動、終於放下心中一塊大石頭……五味雜陳的激動情緒滿出胸口。然而，迎接小生命的到來，未必都是普天同慶的喜劇。有的媽媽不幸流產，或是生下先天缺陷的寶寶，有的新生兒一出生就染病，也有的早產了好幾個月。本該是登上人生幸福巔峰的大喜之事，卻事與願違，讓父母從天堂一下子跌落殘酷現實的深淵，全家頓時愁雲慘霧。

雖然在子宮著床，但未能發育成健全胎兒的病例，往往是染色體或遺傳基因帶有重大缺陷，絕對不是母體，也並非媽媽本身的錯，這是筆者必須在這裡特別聲明的重點：問題完全出在遺傳基因的能力不足，僅此而已。單就遺傳基因書寫的劇本來看，縱使是帶著重度障礙出世的孩子，「能夠誕生下來」這件事本身，就已經算是「達陣」了。早產兒、超低出生體重新生兒也好，重度障礙兒也好，小生命得以見天日，證明遺傳基因已經通過任務的第一道關卡，從某種意義來說，也是「冥冥中注定」的事。

筆者認為有的媽媽看到自己未足四十週便出世的幼小寶寶，內心滿是自責。她們怪罪自己不知懷有身孕還飲酒、服用止痛藥物，又懷疑是孕期當中葉酸攝取不足而傷害胎兒，或是工作壓力大導致孩子早產……但是再多的悔恨與自責，全都無濟於事，這些情緒是沒有必要的。

早產或流產的原因很多，並不單純只是因為媽媽一時不小心引起。媽媽肚子裡孕育的小生命，有頑強而可靠的遺傳基因守護，只要是生活在現今的日本，過著平凡普通日子，父母其實無須提心吊膽地刻意維護，胎兒也不至於遭受到無意的重大傷害。

當父母用自己的雙手懷抱著嬰孩的這一刻，最能充分感受到遺傳基因的偉大力量。寶寶在期待中健康出生，就應該對遺傳基因千恩萬謝。而即便新生命一出世就患病，或帶著先天障礙，還是來得太早、未達到標準體重，寶寶只要誕生下來，就已經跨過「合格」的門檻了。

「生命中有你真好！」大家請記得小生命到來的最初喜悅，這份感動說什麼都不能輕易忘記。

CHAPTER 2

該如何排解養兒育女的滿腹煩憂？

關於「教養」這件事，
隨各方說法起舞毫無意義，
讓孩子自由發揮與生俱來的天賦，
就是給予他們美好的人生。

最佳胎教，是對肚子裡的寶寶說話

「準媽媽聽莫札特的鋼琴曲，寶寶會變聰明。」

「讓寶寶聽巴哈的〇〇作品，能養成孩子安穩的好情緒。」

坊間傳言說得似假還真，但是聽在我這個小兒神經專科醫師的耳裡，只覺得有如天方夜譚。待在媽媽肚子裡的寶寶，的確能夠隔著母體的肚皮聽見外面的聲音，不過實話說開了或許很掃興，莫札特的天籟與工地現場的施工噪音，在胎兒聽來其實都差不多。

當然，媽媽如果是古典樂迷、莫札特的粉絲，管他是不是胎教音樂，只要自己聽得如癡如醉，感覺世界變得真美好，想必肚子裡的寶寶也會跟著開心。倘若沒有古典音樂的造詣也無妨，只要媽媽聽起來感到愉悅，無論流行樂、搖滾樂、爵士樂都可以是胎教音樂。

當然，不只有聽音樂才是胎教，如果吃巧克力可以舒緩媽媽的情緒，讓心情變好，那麼吃巧克力的「胎教作用」也絲毫不輸聽古典樂呢！這時，別忘了輕聲和肚子裡的寶寶說：「這麼好吃的巧克力，你一定也會喜歡，讓我們一起享用吧！」

輸人不輸陣，準爸爸也不能被比下去，記得要時常和未出世的孩子說說話，例如，「今天是個萬里無雲的大晴天，爸比心情好極了，真想和你一起踢足球。爸比等你喔！」這也是不折不扣的胎教。

準媽媽的肚皮一天天隆起，眼看臨盆在即，不時溫柔地輕撫著肚皮，告訴孩子：「我們就要見面囉！」這樣的親子互動，就是最棒的胎教。

懷孕期間滿懷著母愛，看似自言自語地經常對腹中胎兒說話，猶如是為親子未來的相會做好暖身準備，也是一種預習。用滿心歡喜而且全然接納的態度迎接孩子，這件事本身極其重要。本書稍後還會進一步說明，最惡質的虐童，就是

「對孩子漠不關心」。請爸比和媽咪盡量對胎兒說話吧！

此外，懷孕期間，母體會大量分泌幸福荷爾蒙，這是盡情品味生命的天賜良機。只因為多管閒事的婆婆媽媽，還有網路上嘈雜的資訊，把準媽媽們唬得無所適從，老是讓心情變得煩憂不安，豈不是暴殄了此生難得的幸福時光。雖然其中可能不乏值得參考的資訊，但一些「不這樣做會後悔」之類標題聳動的資訊，根本是唯恐天下不亂。如果漫天飛的資訊已經害妳感到心神不寧，那還不如別知道的好。

我個人認為，現在的營養資訊常常過於偏頗，對於充滿煽動性的保健資訊還是敬而遠之為宜。生活在現代日本，除非是極端特例，否則孩子是不會因為缺乏某種營養而造成異位性皮膚炎，或有食物過敏體質的。

舉例來說，儘管有研究報告指出，食用富含DHA的青皮魚類[3]，能緩和異位性皮膚炎、氣喘、食物過敏等症狀，但是人體過量攝取，絕對有害無益。包含維生素D和益生菌（乳酸菌等有益人體健康的微生物）在內，吃多了也不會讓身體強壯。不但如此，過量攝取反而傷害健康，不可不慎。

孕婦的營養照顧很重要，但與其過度執著而搞到神經兮兮，變得食不知味，還不如吃自己喜歡的、能帶給自己好心情的食物。

身為準媽媽的妳為何焦慮？又是在和誰比拚？與不存在的假想敵對抗，猶如和空氣為敵，只是與自己過不去，掏空生命能量罷了。寶寶安住在媽媽肚子裡的時候，應該是媽媽人生中絕頂幸福的時刻，請千萬不要虛度才好。

3 編注：是指魚皮青色，且略帶光澤魚皮的魚，像是沙丁魚、秋刀魚、鯖魚等就屬於青皮魚。

媽媽方便就好，沒有母乳可親餵，喝配方奶又何妨

「我擠不出乳汁可以餵寶寶……」每當一臉憔悴的新手媽媽向我求援，我都會不假思索地建議她們：「沒有母奶，喝配方奶也一樣啊！」但是對於才剛生下小嬰兒的媽媽來說，這可是天大的煩惱。她們有的先是搖搖頭，然後就忽然哭出來；有的則是露出有如面臨世界末日般的絕望神情，深深嘆息。我彷彿聽見她們內心的OS：「高橋醫師根本不懂為人母的苦心！」

這幾年到處吹起「回歸自然」的育兒風，「母乳神話」、「全母乳主義」成為王道，說是喝母乳的孩子智商會比較高、性情穩定好照顧、不會有發展遲

緩問題，也少有異位性皮膚炎等，好處數說不盡。到了有提供乳房護理服務的按摩院，還有人向妳大力鼓吹親餵母乳，說得妳全無退路，非得逼自己哺育母乳不可。

自己分泌不出乳汁，又堅持不餵寶寶喝配方奶，這雖然是母愛至深的表現，卻完全本末倒置。我當然樂見媽媽們都知道親餵母乳的好處，但無論妳如何努力，沒有就是沒有，如果因為這樣而自覺愧對孩子，認為自己「沒資格當媽媽」，那未免太鑽牛角尖了。與其為了擠出僅有的乳汁而痛得齜牙咧嘴、面目猙獰，還不如開心地餵小寶貝喝配方奶，寶寶也樂得輕鬆。媽媽的好心情，可是比有沒有母奶喝重要多了。

同樣叫媽媽們頭疼的，就是尿布問題。到底該用紙尿褲還是傳統尿布？小兒科醫師的我如果回答「用什麼不都一樣」，一定少不了挨媽媽們的白眼。不過，目前的確還沒有客觀的研究統計數據，可以評斷兩者孰優孰劣。我認為媽媽們更應該留意的是，別把他人的意見或網路資訊囫圇吞棗，自己衡量實際狀況以後再做決定才是對的。比方說，陰雨綿綿的季節，傳統尿布曬都曬不乾，寶寶黏糊糊的便便從尿布滲漏出來，那種尿布慘烈的情況不是筆墨可以形容的。這種時候趕緊換穿紙尿褲，才是明智的作法。

眼看終於快要可以告別親餵母乳的困境，緊接著又得為離乳食品傷神。有些優等生媽媽的完美性格作祟，堅持親手調製給寶寶吃的東西，食材非有機不買，絕不讓寶寶暴露在絲毫化學添加物的風險之下。

好不容易從每三個鐘頭餵一次奶的束縛中解脫，現在又深陷親手調製離乳食品的泥淖。手作食品占去媽媽絕大部分的時間和精力，根本沒有心情顧及其他的事。更氣人的是，妳傾注全部愛心的傑作，寶寶可能完全不領情，舌頭一捲，「噁～」的一聲吐滿地。幾次以後，媽媽焦躁的情緒也跟著節節升高。

「去買現成的，分裝成小罐，冷凍保存就好了呀！」但是媽媽們卻對我這樣的建議充耳不聞。想給孩子吃安全衛生的食物，最好還是親手調製的愛心料理最好，這樣的苦心我都能理解。媽媽如果手藝好，料理家中的三餐之餘，還有閒情為寶寶調製離乳食品，那當然最好不過。然而現實往往不如人意。「離乳食品我實在做不來」、「我做的菜，寶寶根本不買單」，如果這樣，那何不試試現有的市售成品，自己再稍微加工一下就好。

請容我多嘮叨幾句，就算擠不出母乳，用的不是傳統尿布，餵孩子吃現成的離乳食品，誰都沒有資格給妳貼上「失職母親」的標籤。可以樂在事事親力親為，而且做起來得心應手的媽媽，固然可喜可賀，做不來的媽媽也大可不必自卑，強求學樣。

別忘了，這是妳和寶寶這一生無可取代的親子時光，本該幸福甜蜜的好日子，怎麼可以被眼花撩亂的育兒資訊耍得團團轉，讓自己徒生煩惱呢？

不必苦苦追求「理想母親」的形象，孩子就愛這樣的妳

我想成為完美的好媽媽，性情溫柔大方，廚藝精湛，縫紉一把罩，隨時把家中打理得一塵不染，又具備優雅的品味。不但如此，還能夠教孩子做功課，更是孩子無話不談的好麻吉，老是黏著妳媽媽長媽媽短的說個不停。還有，永遠把自己打扮得光鮮亮麗，走到哪裡都是孩子最引以自豪的媽媽……

咦，世間可有這樣的母親？連我都不禁抱持疑問。媽媽們抬頭仰望心目中理想的母親形象，再低頭看看自己，只能連連唉聲嘆氣。不過，與其說這是「理想」形象，不如說是「妄想」還比較實在呢。

「媽媽代溝」是最近出現的新名詞，意思是指自己為孩子所做的，遠遠比不上小時候，媽媽幫自己做的一切，好像自己怎麼努力做都不夠。

以前，媽媽都能無微不至地照顧自己，現在自己也想要讓孩子體會同樣的母愛。這番心意或許正是遺傳基因賦予為人母者的高尚情操，也是人人稱頌的「母性本能」。但是，距離上一輩的年代已經過了三、四十年，社會情勢與經濟條件都不可同日而語。以前的婦女，婚後便走入家庭，成為洗手作羹湯的全職主婦，如今愈來愈多的媽媽，既要外出工作，又得照顧孩子，內外都必須兼顧。

「家人平日的晚餐，都靠百貨公司地下街的熟食打發。」

「每次送孩子上幼兒園，我家永遠是壓軸的那一個。」

「想要幫孩子做點心，才發現家裡早就沒雞蛋，只好作罷。」

「只有我家孩子穿的是沒有印裝飾貼布的圍兜兜。」

「孩子第一次學會站立、學會走路，都是從老師的聯絡簿知道的。」

看到媽媽們寫下的心聲，可以發現她們對於自己的「不稱職」有多麼自責。

但是我必須鄭重呼籲：千萬不要因為做得不夠完美，而自認為是失職的「脫線媽媽」，處處苛責自己。

不久前，繪本作家NOBUMI為歌曲「因為我身為人母」作詞，卻引發媽媽們的反彈，造成網站大洗版。筆者拜讀歌詞以後恍然大悟，對於NOBUMI過度美化母親犧牲奉獻的形象，造成媽媽們的反感，筆者心有戚戚焉。這首歌詞在網路上引發正反兩方論戰不休，雙方的主張都非常值得玩味。全職媽媽與職場媽媽、男性觀點中的理想母親形象與現實中的母親形象……這首歌意外開啟了很好的對話窗口，讓網友站在各自的立場交換意見。

此外，許多父母可能常遇到孩子為了向爸媽「討抱抱」，有時會說自己「肚子痛」，甚至聲淚俱下地說自己「腳痛不能走」。然而，大人把孩子帶到醫院後，卻檢查不出任何異樣。這其實是孩子在對父母親發出「爸比媽咪，多注意我一點」的訊號，在醫學上稱「尋求注意行為」（attention-seeking）。

但是，大人如果不能理解孩子行為背後的意義，在聽見孩子多喊幾次，恐怕會失去耐性，反而誤會孩子說謊成性，還讓自己三番兩次在醫生面前丟臉，少不了把孩子責罵一頓。儘管有的小傢伙伶牙俐齒，讓大人都相形見絀，但孩子畢竟是孩子，還不懂得用言語貼切表達自己的心情感受，所以才會做出種種試圖引起大人注意的行為。他們既不是故意搗蛋，也不是惡意說謊。

下次若孩子再對你「無病呻吟」時，你只需要充分表達自己的疼惜之情，說：「這樣啊，很痛嗎？讓你這麼不舒服，真對不起。」向孩子表達歉意，便顯現出你對他的疼惜愛憐。對孩子無心的父母，是不會同理孩子感受的。

不要被「媽媽代溝」這類名詞制約了！妳就是妳，妳母親是妳母親，兩個人不可能一模一樣。妳只是存在在這世上，對孩子來說便意義不凡。只要妳對子女還存有「我沒做好」的一絲歉意就足夠了，因為這表示妳對孩子是充滿母愛的。別擔心，孩子就愛原原本本的妳！

當育兒孤立無援，感覺快撐不下去，請發出SOS求救

各位是否以為，女人只要生下孩子，乳房開始分泌乳汁，自然就會充滿母性。這也難怪，因為乳房向來是母親的象徵，一般人會做如是想並不奇怪。然而，實際上無論媽媽乳汁豐沛，還是乳源枯竭，絲毫都不影響母性。

女人從懷孕到生產的過程，內分泌劇烈起伏震盪，不只是體內環境改變，外觀也經歷種種巨大變化，這些都可能造成情緒失衡，引發許多媽媽罹患產後憂鬱症。即便還不到確診為憂鬱症的程度，也可能變得食不知味、夜不成眠、對原本喜愛的事物完全失去興趣，然後足不出戶，懶得和家人以外的人見面。

她們忍受丈夫工作晚歸，娘家又遠在天邊，整天關在鳥籠般的小屋裡，和一個字都不會講的寶寶大眼瞪小眼等，孤寂無助的日子一天過一天，不知道自己還能撐多久……

雖然日本社會現在也開始接受「育兒爸爸」，不過媽媽仍然是在家帶孩子的主力，她們在無人可以分擔育兒重任的情況下，有時難免感到喘不過氣。寶寶哭鬧不止、把食物灑滿地、滴尿漏便等，任何一點小事都可能成為壓垮駱駝的最後一根稻草，刺激媽媽失控抓狂忍不住作勢要打人。當妳被逼到宛如成了「母夜叉」的狀態，感到自己面目可憎時，該怎麼辦才好呢？

眼看孩子不自覺做出危及生命的舉動，妳慌忙輕拍他的小屁股制止，或是在人前顧不得形象地大聲喝斥孩子「不可以」，兇惡的嘴臉引起眾人側目等類似這樣的經驗，相信每一位媽媽多少都曾經歷過。筆者認為，雖然程度有別，但是這類舉動本質上與兒童暴力或虐待完全不能相提並論，所以媽媽們也不用為了自己的一時失態而嚴厲自責，懊惱不已。

姑且把肩膀上的重擔暫時放下，回想父母是怎樣拉拔自己長大，或許可以從中發現一點啟示。

萬一還是感到自己十分孤立無援，請毫不猶豫地向周邊的人尋求協助，例如，與孩子的小兒科醫師討論，也是筆者推薦的好辦法。不必等到孩子生病上醫院，利用兒童健診、預防接種等機會，都可以向醫生表達自己的無助，像是「我對自己帶孩子很沒把握」、「我有育兒的問題想要請教醫師」。我們小兒科醫師既是統管兒童疾病的醫生，也算是家庭醫師。想要孩子平安健康的長大，得先有身心健康的父母，所以從旁協助全家人的育兒工作，也是身為小兒科醫師的使命。

遺憾的是，媽媽有可能沒遇上投緣的小兒科醫師，或是醫生沒能設身處地理解家長的話，就像我以前那樣，忙看診都來不及，根本沒有多餘的心力傾聽媽媽們的心聲，也不懂得體諒媽媽們求助無門的痛苦。

所以，當你感覺小兒科醫師和妳不投緣，無法向他請教育兒問題時，請儘管另找高明。因為陪伴孩子成長是一條長遠的路，非常需要一位值得信賴的、可以說得上話的小兒科醫師。

而對於小兒科醫師來說，遇到主動求助的父母，是一件必須慎重以對的大事，因為我們也經常從病患的家長身上獲得寶貴的經驗。小兒科醫師若要累積臨床經驗、拓展自己的專業視野，絕對少不了病患父母的啟發。

說到這裡，容我稍微岔題。我們醫院裡的小兒科醫師，男女比例正好一半一半，男醫師會常向女醫師請教些應對方法。比方說，如何與孩子的父母說話、怎樣哄小朋友、如何更能親近幼兒等，這些都是女醫師的強項。事實上，女性也比男性更懂得為人設身處地、體貼對方的感受、傾聽他人心聲。所以筆者主張「醫療需要母性」，不只是小兒科如此，所有的科別都一樣。

言歸正傳。如果媽媽感覺到孩子愈帶愈力不從心，真的想要轉換一下心情，稍微喘口氣、休息片刻，請儘管洽詢各地區公所的「兒童育成課」等相關單位，他們可以安排鐘點托育，減輕父母的育兒壓力。

有極少數的人難以在情感上建立親子連結，無法去愛或是不知如何去愛自己的孩子。不過，若是能夠有自覺，並為此煩惱，表示問題還不至於太嚴重。最怕的是絲毫不自覺有問題，理所當然地對孩子漠不關心。在父母長期忽視下長大的孩子，身心都會遭受創傷。有一種虐兒叫做「疏忽」（Neglect）[4]，父母放著年幼的孩子不顧，連最起碼的餵食和最低限度的衛生條件都無法滿足。

在種種「疏忽」的徵象當中，小兒科醫師絕不該遺漏的，就是疏忽孩子醫療照顧的「醫療忽視」（Medicial Neglect）。例如，孩子連續好幾天發高燒，卻不帶孩子到醫院看病，像類似忽視孩子的醫療照顧，往往是「疏忽」的重大警訊。

還有，小兒科醫師一定要從孩子的衣著髒兮兮、身形瘦小、臉上缺乏表情等給人「不尋常」的感覺中看出端倪，這其實就是孩子本身對外界發出求救訊號。其他像是空白的媽媽手冊，也說明父母對孩子的不在意。我們最擔心的，是媽媽對孩子失去關愛。如果只是一時的育兒倦怠，那還有得救，就怕長期的疏於照顧，後果將不堪設想。

請不要一個人為養育孩子苦惱，當妳會自問：「我是不是在虐待孩子？」時，就表示妳一定有能力當個好媽媽。沒有任何一位媽媽能夠憑一己之力獨自帶大孩子，當妳煩惱不已，或是感到無以為繼的時候，請對我們發出求救信號，沒人敢責怪妳不夠稱職。

4 編注：虐待兒童一般有身體虐待、精神虐待、性虐待和疏忽四種類型。其中「疏忽」包含：監督疏忽、身體忽視、醫療忽視、情緒忽視、教育忽視和放棄。

只要把握親子相處的品質，職場媽媽也是好媽媽

這年頭，職場媽媽（working mama）愈來愈多，根據統計，家裡有兒童的世代（二十五至四十四歲）中，大約有七成的媽媽都是外出工作的職業婦女。

這些媽媽從懷孕就開始物色幼兒園，等到孩子一出生，立刻排隊申請入園，卡位之緊急、一位難求之競爭激烈，和出社會找工作堪可比擬，因此繼「就活」[5]一詞以後，社會上也出現「保活」[6]這個流行詞。原因是職場媽媽的人口增加，使得幼兒園的供給量不敷需求。

產假和育嬰假轉眼間即將結束，牙

牙學語的小寶寶也不得不上幼兒園報到。剛就學的幼兒園生三天兩頭就生病，有如家常便飯。先是染上感冒、喉嚨痛，然後是腸胃炎、呼吸道融合病毒（RS病毒）感染、溶血性鏈球菌感染、水痘……每次孩子一生病，媽媽就得向公司請假照顧病兒，為此耽誤工作，造成部門的困擾，只能頻頻對上司、同事鞠躬哈腰賠不是，事後還必須加緊處理耽擱的工作。夜深人靜時，忍不住辛酸：「這不是我要的生活！」「我到底是為誰辛苦為誰忙？」

不過，媽咪們先別喪氣。幼兒剛進入團體生活，難免對傳染病缺乏免疫力，才會時常掛病號，只要把這些病都跑過一輪，差不多就可以安定下來了。

多數職場媽媽對孩子常會感到有所虧欠，認為自己不能經常陪在孩子身邊，讓孩子孤單寂寞，所以總覺得無法心安理得地面對孩子。

然而，就如同筆者在前一節中強調，養育孩子最萬萬不該的就是「漠不關心」，對孩子不聞不問。身為職場媽媽的妳，在難得的週末假日卻被堆積如山的家事綁住，不能全心陪伴孩子，而對孩子感到虧欠、過意不去的話，就表示妳並沒有虐兒問題。因為無視於孩子的失職父母，既不會為了孩子的事情苦惱，也不會自我反省。孩子並沒有大人想像中脆弱，父母只要對孩子保持健全的關愛之心，一般來說都不會有傷及孩子大腦發育之虞。但是，對孩子視若無睹、毫不在意的態度，或是言語粗暴、疏於關心的行為，都會刺傷孩子幼小的心靈，日子久了，確實會在孩子的大腦留下傷害。

請回想此生的第一趟巴黎之旅。頭一次喝香檳、頭一次享用牛角麵包配咖啡歐蕾的早餐、頭一次逛巴黎市集、頭一次遊塞納河、頭一次登上艾菲爾鐵塔、頭一次參觀凡爾賽宮、第一次拜訪羅浮宮美術館……人生的第一次總是充滿無比的感動，養育孩子何嘗不是如此。再可愛的孩子，如果總是和媽媽形影不離，時間久了，也會耗蝕掉這份感動，一切變得好像只是例行公事。

正因為父母工作忙碌，親子相聚時間短暫，所以格外珍惜相處的時間、講究相處的品質。無論時間多麼短暫，只要父母懷抱著「家人可以相聚在一起」的期待和珍惜之情，就不枉費親子情緣了。哪怕只是晚上一起泡個澡，或是臨睡前短

5 譯按：日本「就業活動」簡稱，意指熱衷於找工作。
6 譯按：日本的「保育園」相當於台灣的幼兒園，「保活」意指熱衷於找保育園。

短幾分鐘的陪伴都好，父母可以聽孩子說說今天發生了哪些事，或是為孩子朗讀喜愛的繪本。晚上不行的話，也可以趁早上起床時親吻孩子，或是出門前給他們一個大大的擁抱，讓他們感受到父母的愛。重點不在於陪伴的時間長短，而是如何一起度過相處的時光。

當然，不光只有在一起的時間寶貴，父母處處為孩子著想、為他們牽腸掛肚的這份心，就足夠證明父母的愛。剩下的便是如何善用親子共處的時光，讓相處的品質更棒。

別老是催促孩子，這會扼殺了他們的思考能力

每個幼兒都是好奇寶寶。衣服才換到一半，瞥見旁邊的玩具，立刻忘記穿了一半的衣服，入神地玩起來；發覺窗外有動靜，又被吸引過去，完全忘了自己剛才正玩得起勁的遊戲。

大人與孩子的時間感是兩個平行世界，特別是每次出門前，媽媽的焦慮情緒都會飆到最高點，一個不注意就露出「惡婆娘」的猙獰面目，厲聲大喊「你給我快一點！」但是，孩子對於自己為什麼挨罵？媽媽為何生氣？卻是一臉茫然。

媽媽或許老早就告訴孩子「我們要出門了，你先去換衣服」，但是必要的

細節並沒有跟孩子說明清楚，例如幾點前要把衣服換好、幾點幾分要出家門、要坐公車還是走路。即便大人已經事先說明，孩子也難以盡如大人的計畫那樣，在時限內完成必要的準備工作；或者說，他們一開始就缺乏準時的概念，自然也不會如期準備好。所以大人應該事先把時間分配妥當，並預留緩衝時間。說到底，會出現父母急匆匆地頻催孩子「快點快點」的情況，就是大人自己沒有把時間安排妥當的結果。我這麼說，各位或許感到不是滋味吧！

把「快點快點」當口頭禪的父母，十之八九都是急性子。事實上，一個人會是「急驚風」還是「慢郎中」，也是由遺傳基因來決定的。說不定現在慢吞吞的孩子再大一點，也會變成和父母一樣的急性子。孩子性急，除了後天的父母老是不耐煩催促所養成的性格以外，也不能排除遺傳的影響力。

筆者想要說的是，急性子並非你的錯。因為這表示你機動性強、處事俐落明快、解決問題的效率高。只不過，用急性子來帶孩子那就另當別論了。

父母鉅細靡遺地樣樣給孩子下指令，會剝奪孩子自己思考的空間。「功課寫了沒？還不快去寫！」「房間為何還是亂糟糟？趕緊去整理乾淨！」「動作快，別老是慢吞吞！」像這樣連珠炮似地催催催，催久了，孩子也許會受不了父母的「魔音傳腦」，不自覺建立起一套反射機制，只要大人一催促，他就立刻交差了事。你認為這樣子好嗎？乍看之下，孩子聽話懂事，打理自己也很俐落，不失為認分的好孩子，但是一想到將來如果沒人督促，孩子便不能自動自發，那豈不是問題大了。

現代社會分秒必爭，常常視「快速」為優點，也正因為如此，父母願意耐心陪伴孩子的「隨心所欲」，更顯得難能可貴，這樣悠閒的親子時間也變得豐富而韻味十足。

如果你厭倦了總是行色匆匆的自己，何不偶爾提醒自己試圖放慢腳步，「刻意慢慢來」呢？比方說，吃飯時，故意用雙倍的時間細嚼慢嚥。爸媽一反常態的行動，說不定會成為孩子的驚喜，成為親子共享的快樂時光。此外，如果想要給孩子更大的安全感，可以試著放慢眨眼速度。頻頻眨眼會給人威嚇或不安的壓力，請對著鏡子練習，有意識地緩緩闔上眼皮，再慢慢打開，營造更溫柔可親的父母親形象。

早期教育不過是比別人早點學會罷了，意義微乎其微

熱衷早期教育的父母，在孩子還包著尿布蹣跚學步，他們便已經迫不及待地為孩子排滿教育課程，星期一上幼兒教室、星期三上律動教室、星期六上幼兒泳訓班……筆者不免為他們感到惋惜，這時期何不在家多享受一些悠哉的親子時光，或是帶孩子到附近公園和其他小朋友快樂玩耍呢。

父母為孩子不惜下重本，投注大量時間和金錢給孩子接受早期教育，圖的是什麼呢？無非就是認定孩子的人生無法重來，所以不容許任何失敗，我稱為「就怕將來後悔症候群」。只是，這些父母或許不明白，早期教育老實說幾乎

沒有任何意義。

各位如果對第一章還有印象的話，就會知道孩子的聰明才幹，乃至於個性，受遺傳力量的左右更甚於環境因素。

孩子的成長過程中，教育環境的重要性自不待言，但如果因此認為，比別人家孩子提前三個月、半年，甚至是更早期就給自己孩子接受高品質的教育，便可以保證自家孩子將來的發展，那真的是犯了根本上的錯誤。

一個人的強項會是數理科還是文史科，與生俱來的天分比後天的教育更具有決定性。而在運動能力、音樂藝術品味等方面，天生資質的影響又更大，特別是有心朝職業發展的話，對天分的要求更高。

筆者並不是要批判熱心教育的父母，大家都是出於對孩子的愛，不想要自己的孩子將來吃苦受罪，想要孩子安享富貴人生，才會寄望於早期教育。父母如果真的想為孩子做些什麼，儘管去做就是了。不過，孩子比別人早一步學會，並不表示他比較厲害或不厲害。

舉例來說，即便孩子一歲開始學游泳，父母的運動能力如果普普通通，那最好別期望孩子將來可以成為奧運選手，讀書也是一樣。從幼兒園就給孩子補數學，並不表示孩子將來可以成為數學家。唯一可以確定的是，孩子剛進小學的那一陣子，或許解答數學題目的表現會比其他孩子來得強，僅此而已。

學注音也一樣。孩子讀幼兒園的時候就讓他背注音、學拚音，他在只顧著玩家家酒的同儕之間，或許會是個能看懂注音的佼佼者，不過領先的態勢最多也只能維持到小學第一學期或第二學期罷了。小小年紀跑英語補習班，學會寫ABC，懂得用英語數數兒，並不表示孩子很快就可以用英語和外國人交談。

與其把時間用來進行早期教育，不如讓孩子大量體驗與坐在教室課桌前完全不一樣的精彩生活。例如，在沙灘上抓螃蟹，或是爬小山看到不知名的花草時，回家一起翻找圖鑑來認識花草的名字。

這是個只要在觸控螢幕上動動手指，就可以「用視覺來體驗全世界」的科技時代，所以親臨實境的親身體驗更顯得彌足珍貴。親自用眼睛看、用耳朵聽、用身體觸碰、用舌頭舔拭、用鼻子聞嗅，累積種種打開五感的真實體驗，才是孩子成長中的寶貴資產。而教育的基本，便是促使孩子勇於感受生命體驗。

讓入學面試的主考官，看見孩子的正直和真性情

筆者經常在東京街頭看到身著深藍色套裝的媽媽，帶著舉止端莊的小紳士、小淑女過馬路。他們是想要考進名門學校的親子檔，為了深秋的入學考試，正往返補習班接受業者的特別訓練，以通過名校的「行為觀察面試」。

筆者在莞爾之餘，也有些話不吐不快。

在少子化的衝擊下，一般學校普遍面臨招生人數不足的窘境，但是以名門私立學校為主的入學考試，競爭的激烈程度卻更甚以往。能否擠進這些明星小學或幼兒園的關鍵，往往取決於入學面試成績，因此家長才要帶著孩子一起上

補習班，練習各種面試技巧。據說「懂得如何打掃」，也是面試的一大重點，就連擰抹布的方法也都非常講究。

聽說「喜歡吃什麼？」「為什麼喜歡？」是小學入學面試的必考題。為此，補習班會事先傳授標準答案，對孩子耳提面命、反覆練習，直到考試當天，面對主考官也能夠對答如流。

「我喜歡吃媽媽做的馬鈴薯燉肉。馬鈴薯燉得又鬆又軟，很好吃。」

「我喜歡吃蛋包飯，因為是媽媽親手為我做的。」

「我喜歡吃散壽司，因為色彩繽紛又美味，而且還是祖母的拿手菜。」

補習班準備的說詞有好幾套，提供孩子們依樣畫葫蘆，重點在於「必須強調是家鄉味」，以此凸顯媽媽或奶奶廚藝好，營造溫馨的家庭氣氛。

只是，諸位認為，不斷訓練孩子熟練這種標準答案，對孩子的成長可有絲毫助益？孩子如果真的喜歡吃媽媽做的傳統家常菜，那當然很好，但倘若他其實最喜歡速食店的漢堡和薯條，卻被逼著說出違心的「最佳答案」的話，我個人覺得不甚妥當。

儘管為了擠進名校不得不使出非常手段，但是讓孩子背誦虛構的情節，還說得活靈活現，聲稱是自己的本意，那就值得商榷了。總是教導孩子「做人要誠實」的父母，現在做人的原則卻急轉彎，要孩子公然作假。是非對錯原來可以按照場合需要變來變去，這對於孩子感受性豐富的小小心靈和未來發展，並不是最好的示範。

筆者如果是面試官，我會希望聽到孩子說出自己的心裡話，比方說：

「我喜歡吃漢堡，因為星期天早上，我們全家人會去附近的速食店吃早餐，媽媽不用忙著為我們做飯，所以笑得很開心。我最喜歡看到全家人開開心心的樣子了。」

小兒科醫師竟然推薦吃速食?!我恐怕要被投訴了。的確，任何人若是長期只吃速食，當然要擔心有營養失調的情況，但偶爾開開洋葷換口味，也可以讓孩子感受另一種幸福的滋味。實質上的營養或許差了點，但是卻補充了心靈上的營養，未嘗不好。何況面試官們，對於大人設計周到的答案，恐怕也是興趣缺缺，他們更想要看到的，應該是孩子該有的童真。

與其讓學齡前的幼童從小就學會應付考試的巧門，筆者認為，還不如陪伴他們發掘自己的個性魅力，做個讓主考官賞識、無論如何都想要延攬入門的孩子，這才是最好的方式。

上小學是孩子離家門後的一大蛻變，請尊重老師並放心交託

小蘿蔔頭終於要上小學了。雖然大多數的小朋友都已經有過上幼兒園的經驗，但家長們還是難免憂心，「我們家的孩子沒問題吧！」「妹妹該不會不想聽課就哭鬧耍賴？」「換了新環境，哥哥能交到朋友嗎？」「讓孩子一個人去上學，真的安全嗎？」各種不安的想像排山倒海而來，如果是家中的第一個孩子要上小學，父母更是如臨大敵。選購書包、添購制服，再多買幾套正式外出服……媽媽簡直比要上小學的孩子還更緊張。

托兒所、幼兒園和家庭環境的性質比較相近，從社會生活的角度來看，只

能算是「尚未出道」的「胎兒期」。雖然也有畫畫、勞作、閱讀等課程，但並不涉及評分、競賽、優劣判別，所以更像是家庭生活的延伸，目的是讓孩子在玩樂中發展肢體活動，並且在與同儕打打鬧鬧的遊戲中學習如何與人相處，這是人生中的幼兒階段。

小學入學對孩子來說，是成為「社會人」的第一步，無疑是人生中的大事件。從上學到放學之間，必須配合學校既定的作息活動，還要輪值日生、打掃校園環境。學校有各種的規定，像是必須在特定的休息時間才可以到教室外嬉戲等，而且上學、放學也都是小朋友自己走，不再依賴大人接送。孩子可以在學校中體驗小型社會生活，認識自己在團體中的所在位置，並且還要重新適應另一套和以往大不相同的生活節奏。

筆者把小學新生入學，視為從家庭的胎兒期「脫胎換骨」的里程碑。家庭猶如「母體的延伸」，孩子走出家庭生活，一腳踏入小學這個「外面的世界」，如同「告別胎兒期」，就像是蝴蝶破蛹而出的那一剎那一樣。父母此時的職責，是默默守護孩子的蛻變，但願他們在羽化成蝶的過程中，不要傷了翅膀。

剛上小一的孩子，有的會在課堂上自顧自的到處走動，有的無法安靜聽課，有的總是對同學動手動腳，一個班級只要出現幾個活寶學生，課堂就會變成菜市場，日本將這個現象特別名為「小一問題」。這莫非是父母沒把孩子帶好，家教不良的後果？筆者並不這樣認為。

小一入學的孩子處在「羽化」的蛻變時刻，原本就是身心極為不安定的時期。要這些尚未成熟的幼童安靜坐在課堂上聽講，抄寫黑板上的生字，還要和其他小朋友相親相愛，就算師長叮嚀再三，孩子也礙難照辦，會有這些情況其實並不叫人意外。

只因為小一新生無法把自己乖乖坐在椅子上四十五分鐘，就被視為頑劣表現，被歸類為「學習不良」、「發展問題」學生，是否言之過早呢？這個社會上，有得是發動之初並不順利，中途卻能加足馬力成功出線的人。

國小低年級的導師，照顧的是正要從「社會胎兒期」破蛹而出的孩子。值此人生關鍵期，小一班級導師的重要性自不待言，說他們是孩子的「第二父母」也不為過。所以筆者向來主張，小一導師應該領最高級別的薪水，祈願他們都能懷抱「自己守護著孩子的關鍵時期」、「自己有可能左右孩子一生」的自覺與榮譽感，光榮地站在講台上，不要被「小一問題」這種標籤化的詞彙所制約。小一班導師必須是有肚量又性情溫厚的人，才能夠勝任重責大任，殷殷陪伴孩子，為了國家幼苗的健康成長，與家長合力面對種種教育難題。

筆者也要藉此機會鄭重呼籲家長們，請給予孩子導師更多的尊重。所謂的尊重並非表面權宜，而是發自內心的敬重。老實說，有哪個人是因為看上薪水優渥才來小學當老師的？他們都是喜歡小孩、想要與孩子為伍，願意和家長們一起守護孩子、分享孩子成長喜悅的人。與孩子的導師通力合作，是幫助孩子順利度過破繭羽化期的要領。

這個時期萬萬不該的，就是一直挑孩子的毛病，指責他做不到的事。例如，拿他和同學或手足比較，「那個誰都會了，你怎麼還不行？」用父母自己的焦慮和暴躁去折磨孩子，專挑孩子不會的去否定他們。

即便孩子的表現不如人意，也要體諒他正處在「破繭羽化的過渡期」、「才剛要適應社會生活，放寬心去面對種種情況。再不然，你可以回老家問問上一代，自己在小學一年級的時候都做了哪些糗事。當你聽到他們回憶起你小時候，竟然「不願喝學校發的牛奶，每天哭哭啼啼」、「上課不守規矩，總是被調到第一排」等不光彩的過去，你也不得不承認，孩子果然承襲了「家傳」。親子如有雷同，一切都來自「遺傳基因的人生劇本」，這也是合情合理。

對孩子的發展感到不安時，更要多給予讚美和鼓勵

媽媽對襁褓中的孩子是否發育正常，總會有很多的擔憂和煩惱。她們有的是在乳幼兒健檢時，突然被告知孩子有發展遲緩問題，一時晴天霹靂；有的可能正好相反，因為擔心孩子有問題，找醫生諮詢，卻只得到「無法排除個體差異，暫且持續觀察即可」的曖昧答覆，反而使一顆心懸在半空中。

許多媽媽懷疑「我家孩子好像不太對」時，會先自己上網找答案，「疑心生暗鬼」的結果，卻生出更多憂慮；還有的選擇對自己信心喊話，一廂情願認定「我家的孩子一定不會有問題」。面對心愛的孩子，感覺卻像是背負在肩頭

的千斤重擔。

智力或運動發展遲緩的幼兒，可能在申請托兒所或幼兒園時遭到婉拒；而在小學入學時，可能被要求接受就學諮商，或是面臨不知該就讀普通班、資源班還是特教班的處境。事實上，日本中、小學的普通班上，仍然有七％左右是發展問題學生（根據二〇一一年文科省調查）。以一個班級四十名學生換算，大約是每班有二至三人，不過真正人數還可能被低估了。

近來，經常可見以「發展障礙」為主題的電影、電視劇或媒體專題報導，相關常識的普及，讓愈來愈多人對發展障礙的具體症狀有所認識。關心發展障礙議題原本是好事一樁，卻意外增添不少家長的育兒煩惱，當孩子表現不如預期，父母就和發展障礙多做聯想。

有些發展障礙在幼兒期不容易察覺，隨著孩子年紀漸長，日益暴露對社會生活能力的發展偏頗，這才被診斷出是發展障礙。例如，自閉症譜系障礙（又稱泛自閉症障礙，autism spectrum disorders，簡稱ASD）的孩子有溝通困難的問題，表現出強烈偏好，但是他們往往在視覺信息處理等特定領域上，展現出非凡的才能。又比方說「注意力不足過動症」（Attention Deficit Hyperactivity Disorder，簡稱ADHD）的孩子，總是躁動不安、丟三落四、缺乏忍耐力，但是許多歷史上的傳奇人物，像是愛迪生、達文西等，也都是直覺力敏銳的ADHD患者。罹患「學習障礙」（Learning disabilities，簡稱LD）的孩子，儘管智力正常，還不乏學習認真的拚命三郎，可是對於聽、說、讀、寫、算的某項特定科目就是極端的無能。然而，正如同第一章提到的那位哈佛大學醫學系教授，只要能得到周圍的協助，加上自己的努力，大多數情況下他們幾乎都能夠克服學習上的障礙。

懷疑孩子是否有發展障礙的父母，建議你勇於面對，從孩子的幼兒期開始，簡單記錄令你感覺異常的表現。例如，一離開大人的懷抱便哭鬧不停、怎麼哄騙也不肯睡、不會爬行、不會用手指去指物、叫他也沒反應，又或者很晚才會開口說話，說來說去都是一樣的字彙，沒有學習新字的能力；或者，才剛剛學走路就一刻也定不下來、無法和其他小朋友玩、一不高興就哭得呼天搶地有如世界末日、猜拳輸了就立刻跺腳大鬧。

姑且不論已經在幼兒健診時，就被確診是發展障礙的孩子，那些處在尚未確診的灰色地帶的孩子，往往一天到晚挨大人的罵，小小年紀就被罵到完全喪失自信心。

身為這些孩子的父母，該如何陪伴他們才好呢？親子一同在嘗試錯誤中學習，也未免太辛苦，若是不能理解孩子的特質，一不小心就可能淪於虐童。

對待發展障礙的孩子必須有體貼的作法，以及有耐心的教養方式，將這些辦法運用在普通孩子的教育，也一樣大有助益。以下僅略述我的建議。

當狀況涉及到可能引發意外事故、重大傷害，或是在公共場所等地方打擾到其他人時，一定要糾正孩子的行為。重點是這時候務必當場制止，並且用簡短的話語明確指正孩子。

如果事隔五分鐘後，才斥責孩子「你剛才那是什麼態度！」，他一定滿頭霧水。更別說跟他們翻舊帳，把昨天或是上個星期的事拿出來檢討，孩子只會感到莫名奇妙。如果是自閉症的孩子，說不定對你的勃然大怒完全沒反應，讓你碰一鼻子灰。

當場糾正時，不必對孩子長篇說教或絮絮叨念，只要湊到他們耳邊，輕聲提示「不可以在月台上追逐」、「在這裡請保持安靜」即可。

父母如果成天訓斥孩子，久而久之會被當成耳邊風，所以父母要做的不是「斥責」，而是「教導」，這是教養孩子最基本的認知。為了在萬不得已之下斥責孩子那麼一次，我們必須先稱讚孩子九次。耐著性子時常讚美小孩，他們會樂意聽大人說話。要培養孩子同理他人感受的能力，洗耳恭聽的態度十分重要。

你或許擔心：老是說孩子好話，難道不會慣壞孩子，讓他們得意忘形嗎？放心，只要把握「九分讚美，一分斥責」的比例，就不會錯。

「你說得輕鬆，我們家那個搗蛋鬼，如果能夠從他身上找出九個值得讚美的優點，我也不必這麼辛苦了。」爸媽不應該這麼說，找出自己孩子的可愛之處，不就是為人父母的工作嗎？再怎麼折騰人的磨人精，也必定有他獨特的長處。

比方說，孩子雖然不會畫畫，在配色上卻有獨到的眼光；雖然老是記不住生字，但寫字筆畫工整……諸如此類，再小的事情都值得稱揚。就連眼珠子黑白分明、睡臉可愛、對人殷勤打招呼、拿筷子的方法很標準、把晾乾的衣服疊得整齊漂亮，都可以是讚美的事情。大人自己不也最愛聽人說好話，哪怕是內向木訥、不善溝通的孩子，大人只要經常讚賞他，久而久之，他也會「說好話」，並與人建立良好關係。

爸媽懂得稱讚孩子，孩子會愈來愈有自信，同時孩子的個性也會被導向健康良善的發展方向。

誰說學才藝必定要有始有終，多樣化嘗試更重要

經常有家長向我吐苦水，說孩子學才藝總是虎頭蛇尾。

舉凡音樂節奏律動、游泳、足球、空手道、書法、網球、程式設計、繪畫……一開始都是孩子自己吵著要學，到後來別說沒有學會一招半式，甚至連半年都無法堅持。也不知是耐性不足，還是太任性，容易見異思遷。這麼沒定性，能把書讀好嗎？將來能成材嗎？以後出社會，該不會一年換二十四個頭家吧？這叫父母怎能不擔心。

孩子禁不住同學慫恿，吵著要學跳舞。舞衣、舞鞋全身行頭都投資下去了，他卻抱怨發表會前的團練太辛苦，

所以不去了。接下來又說要打迷你棒球，再次幫他把配備都買齊，他卻吵著退團。這孩子真是夠了！擺明就是缺乏毅力，吃不了苦。像這樣心思不定、意志不堅的個性，無論做什麼、不管到哪裡，都成不了事。

且慢，當你為此長嘆三聲之前，請仔細想想，這些才藝都是孩子自己想要學的嗎？說不定是有人遊說他、慫恿他，像是去上某某教室，可以幫學校的游泳課加分之類，禁不住大人的誘導，讓孩子做出決定。

孩子好奇心強，亟欲探索未知的世界，所以事事都感興趣。再說，誰家孩子不是「三分鐘熱度」，這原本就是孩子的天性。他們學才藝，就好比在試衣間試穿衣服一樣，每一件都想穿穿看，不穿怎會知道哪一件合適呢？同樣地，實際試過之後，才知道哪一項才藝是自己真正喜歡的、想要的。無論是哪一種才藝或運動，一開始總是最好玩，再學下去就乏味了。然而，這又何妨？父母有必要在孩子這麼小的時候，就急於培養他們的「定力」嗎？更別說是讓他們提前體驗挫折感。

反正又不是要培養職業級專家，讓孩子廣泛學習各種才藝，累積豐富體驗，說不定哪天就能派上用場。比方說，雖然只是短短學了三個月的茶道，至少也懂得在茶席上領受主人奉茶的禮節；又或是踢了半年足球以後，將來好歹能夠與同好們玩個室內五人足球（futsal）。

兒童學才藝，無須計較能否養成他們「堅忍卓絕」的個性。與其苦苦鞭策孩子去學習一項沒有興趣的才藝，不如多傾聽孩子的意見。當他們告訴你說「不想學了」，別不由分說地教訓他們「當初既然要學，就給我堅持到底」，而是先耐心聽他們說不想學的理由，和他們討論以後，尊重他們最後的決定。孩子或許會告訴你說「我已經能游五十公尺，所以認為沒必要再繼續往上晉級了」。

當孩子說想要放棄學才藝，父母會氣到火冒三丈的原因，莫非是因為錢的問題。好比說，「衣服鞋子都買了」、「學費已經預繳半年，現在也拿不回來了」。恕我不客氣地說，這是其實是父母自己的「投資失誤」，所以請不要拿孩子出氣，就當是自己學到教訓的「學費」，看開一點就好。

父母讓孩子學才藝，千萬不要出於自我補償心理，把自己當年未完成或沒能做到的，託給孩子代你了遂心願。無論是彈鋼琴、跳芭蕾舞，還是學英語，要孩子完成父母遭受挫折的未竟夢想，未免太強人所難。

一個人的手指長短、四肢長度、音感好壞等，有相當程度是由遺傳決定。與其將自己的夢想託付給孩子代為實現，我認為父母更應該親自挑戰當年未完成的心願。小時候學不來的，成為大人的你或許已經能夠克服難關。如今重新出發也不算晚，請務必再給自己一次機會。

時間要自己把握，催促孩子用功只會適得其反

眼看重要的考試迫在眉睫，孩子卻一會兒滑手機，一會兒打電玩，一會兒又追劇，還不時對著 LINE 竊笑。不用功的孩子真叫父母既失望又惱火。每到期中、期末考，父母少不了因為孩子不讀書而大動肝火。

想想自己和另一半，在求學時代都是自動自發的模範生，為何孩子卻這麼不爭氣？難道是基因突變？再這麼吊兒郎當下去，只怕高中入學考試也沒指望了。看到孩子就有氣的媽媽，時而對孩子大發雷霆，時而冷嘲熱諷，卻都說是「為孩子著想」，妳認為這樣做孩子會有發奮用功的動力嗎？

明人不說暗話，父母愈是跟前跟後催得緊，幾乎沒有例外的，孩子的反彈就愈大，只會更加適得其反。孩子或許在心底這樣嘀咕：「又來了，煩不煩哪，人家才正要打開書本，被你們一念，心情全壞了。」

這是我個人小小的經驗談。話說我的母親對自己的兩個孩子，也就是我和我弟弟，從不曾叮嚀過半句「好好讀書」。別說她是不指望我們用功，甚至還深怕我們太用功，因為她總是說「太用功會得腦瘤，你們老爸就是這樣走的」。我父親罹患腦瘤，三十三歲就英年早逝。母親一直深信年紀輕輕就罹患腦瘤，必定是遺傳來的。從遺傳學上來看，我們也無法完全否定她的認知，只能說這或許是一種負面的遺傳基因力量。

從東京帝國大學畢業的父親，非常熱衷研究，他隸屬氣象廳，運用自己的地球物理學專業，致力於發展人造雨科技。但如果說他是因為用腦過度而罹患腦瘤，未免言過其實。我和弟弟或許是出於對母親的反彈，所以並未理會她的忠告，只是內心仍不免隱隱有一絲不安，擔心自己該不會真的有來自父親的腦腫瘤的遺傳因子。

一面搖頭嘆息，一面連聲催促孩子用功的爸媽們，要不要試著將「快去讀書」這句話封印起來。少了你們的「魔音傳腦」，孩子說不定反而慌張，心想「爸媽已經對我心灰意冷，決定將我『放生』了」，於是趕緊翻開課本和習題，自動自發地用功起來。

讀到這裡，或許會有人抗議：我們家孩子才沒那麼好對付，要他「不必太用功」，他會當真成天打怪打到昏天暗地，或是把看漫畫當飯吃。其實這樣的孩子也許並非真的不喜歡讀書，而是沒有體會到用功的意義，又或者是看不到未來的夢想。這也不能怪他們，畢竟孩子還年輕，對未來懵懵懂懂。然而，即便夢想不可能一夜成真，大人還是可以和他們聊聊心目中憧憬的職業，談談未來的想法。

又或者，孩子不愛讀書只是因為找不到方法，在學業上缺乏成功體驗。父母可以幫孩子選擇符合他學力的測驗題庫，讓他反覆練習。練習過程中，千萬不可以責備孩子「怎麼連這麼簡單的題目都不會」，甚至去追究說「你去學校到底都在學什麼！」帶他寫測驗卷的目的，就是要協助他獲得更多「成功體驗」，此外別無其他目的，大人千萬不要岔題了。

我相信每個孩子都有他的成長時機，父母首先要做的，是信任這部深藏在基因某處的成功劇本，然後協助這部劇本的主角盡情發揮，而這方法就是「讓孩子自己想」、「讓孩子自己領悟」。孩子自有他開竅的時機，大人不可操之過急。

以下請讓我分享自己小兒子的經驗。我因為醫學會的工作關係，有機會出差到美國波士頓。那是我以前留學的母校所在地，因此我把握這次難得的機會，帶著當時就讀高中二年級的兒子舊地重遊（讓兒子向學校請假）。或許是這次和外國醫師接觸的經驗，給了他某種動力，回國後，兒子忽然說他「想要當醫生」，這很可能就是他「開竅」的那一瞬間。我給他的唯一條件是，「家中沒有供你重考的餘力」，他後來倒也真的如願以償，考上了醫學院。事後，兒子吐露心聲，說了一句「名言」：「我以前不懂讀書的方法，如果能早點知道就好了。」

忘情投入某個目標，逐漸做出成果，然後領悟到自己過去的不足，這是何等美好的突破。筆者相信，孩子的成長絕對沒有為時太遲這種事，不但如此，事後領悟到「啊，原來如此」的這份感動，更甚於「早知道」。兒子意識到自己因為不懂讀書方法，也沒有人啟發他，直到高中二年級，都只是茫然地跟著大家上學罷了。他的反省成為此後人生莫大的驅動力，現在的他甚至名列醫學系的學年狀元金榜。

熱衷教育的父母們或許對我以下的說法嗤之以鼻，但是筆者真心認為學校課業成績的好壞，不過如同是尿液的濃淡罷了。我們的腎臟會將身體的總水量、血液的酸鹼度（ph值七．四，誤差〇．〇四以內）和離子的平衡等，保持在一定的範圍之內，以便維護身體適當的生理運作環境（醫學上稱為「體液恆常性」），尿液便因此出現時濃時淡的調節現象。

教育孩子最重要的，是明白孩子在想什麼、憧憬什麼、為了什麼而努力；也就是說，孩子能否保持內心適當的運作環境（心理的恆常性）才是重點所在。學業成績不過是結果的呈現，意義形同是尿液的濃度。

爸媽的情緒隨孩子的成績好壞而起伏，患得患失、忽喜忽悲，說來真是愚昧不已。父母不應成為孩子能力的「批評家」，只會對孩子品頭論足是孕育不出任何力量的。

筆者認為，父母與其用嘮叨碎念填滿孩子的生活，不如在孩子心中保有讓他們自行思考的「空白」，給他們「自動自發的餘地」，以便發現自己「應該好好用功讀書的時機」。

孩子的英語會話是為誰而學？不如父母自己先開始

要在全球化的今日社會走跳、活躍於國際化的舞台上，孩子有太多技能和管道可以選擇，偏偏許多父母特別鍾愛英語會話課，有志一同地送孩子上英語會話班，讓人不由得懷疑，是否父母本身其實有開不了口的「英語情結」。

因為不會說英語，在國外吃癟，或是職場忽然強制要求上英語課等，抱有「英語情結」的人其實不在少數。

「自己不會說英語很吃虧，所以要讓孩子把英語學好。」這樣的補償心理，讓許多爸媽為母語都還說得不輪轉的小娃兒，收集一套又一套的英語兒歌光碟，把還在牙牙學語的孩子，送到有外籍老師的幼兒英語班學英語。為了讓孩子學好英語，父母慷慨投資不手軟，遺憾的是，這樣的投資往往得不到回報。原因很簡單，即便孩子真的學會，可是日常生活中缺乏說英語的環境，三兩下就把所學還給老師了。

孩子究竟該從幾歲開始學英語比較適當，專家學者各有不同高見。筆者認為，等到孩子可以把自己的母語說溜了以後，再來學英語也不遲。

「能說英語，在學習上一定比較占優勢。」

「他們班的同學去補英語，一開口就是道地的美國腔，不像我們家這個……」

「要趁東京奧運前，趕緊加把勁學好英語。」

以上諸如此類的想法，就好像讓人產生把英語學好了，就會有好事發生的錯覺。但這真的是眼前非做不可的要緊事嗎？自己是否太一窩蜂被流行牽著鼻子走了？

實不相瞞，筆者自己對學英語也有苦澀的記憶。那是我即將上中學之前，母親顧不得家中經濟困頓，仍想方設法擠出學費，讓我到位於千馱谷的英語會話補習班學英語。因為她不想我上中學以後，為了學英語吃盡苦頭。但是我完全跟不上補習班的進度，只好假裝去上課，卻故意坐過站，到千葉去消磨時間。我光拿錢交補習費，但幾乎都在翹課，真的是枉費母親省吃儉用的一番苦心，說來還真是不肖子。雖然我在學校的英文成績並不差，可是直到後來成了小兒科醫師，依然無法開口說英語，對英語會話的無力感始終揮之不去。

對於那些已經接到公司海外派令，必須攜家帶眷到國外工作、生活的人來說，加強英語能力似乎已經成為迫切的問題，這讓我回想起自己帶著妻兒前往美國留學的往事。即便在如此緊要關頭，有些事仍然比英語會話能力更重要，那就是全家上下堅定在異鄉生活的決心。只要願意共同打拚，你應該很快會發現，哪怕一開始不會說英語，照樣可以活下去。

當年，我們家因為收入拮据，沒有能力把孩子送到當地的托兒所，所以大女兒到了美國以後，足足至少三年，成天都和媽媽在家，直到五歲開始接受義務教育，才終於有機會上幼兒園。可以想見，小娃兒的英語完全不行，但是她靠著比手畫腳，竟然也和同學玩得很起勁，每天都開開心心地上學去。

內人剛到美國的時候，英語會話只有拚湊單字的程度，卻也在當地醫院順利產下二女兒。就連人人都說在美國生活絕對不能沒有的汽車駕照，她還真的付之闕如。在家帶孩子是不會有寒暑假的，不但如此，她想回一趟日本家鄉省親的機會也不可得，咬牙撐起照顧全家在異鄉生活的重擔。當我們結束整整六年的波士頓留學生活，終於踏上歸鄉路時，凝視著飛機窗外波士頓美不勝收的街景，頓時百感交集，不禁淚濕眼眶。

爸爸媽媽與其將「英語講得嚇嚇叫」的夢想託付在孩子身上，何不為自己投資時間，從基礎開始，再次挑戰未竟的英語夢。現在開始也不算遲，大人要求孩子養成英語實力以前，應該先從自己做起。

育兒之路沒有盡頭，請揚棄理想過高的「就怕將來後悔症候群」

「做人要堅持夢想永不氣餒，一心朝著目標勇往直前！」

乍聽之下，這是多麼鏗鏘有力的精神喊話，但是你能想像，把這句話強迫推銷給孩子，後果會如何？

孩子最愛媽媽，所以總是為了回應媽媽的期待而拚盡全力。他們焚膏繼晷地用功讀書，在運動場上努力衝刺，再累也會幫忙做家事，忙得無怨無悔。

但是理想過高的媽媽並不因此滿足，繼續鞭策孩子「好還要更好」。孩子考了九十分，興高采烈地向媽媽「邀功」，滿心以為能贏得稱讚，沒想到卻被求好心切的媽媽當頭潑了一大桶冷水：「看你多粗心，本來應該拿一百分的，這不是太可惜了嘛！」絲毫沒有察覺孩子在內心抗議：「全班平均七十分，我考的是最高分耶……」

完美主義媽媽要求孩子學校功課拿第一，這還只是最基本門檻，就連體育競賽也要稱霸全場，走到哪都要得人疼；如果是兒子，那還得是女孩們的夢中情人。媽媽們苛求的形象簡直就是從漫畫中走出來的夢幻男主角。

即便還不到這般走火入魔的地步，給孩子訂定超高標準、要求孩子必須出類拔萃的媽媽比比皆是，她們討厭輸的感覺，樣樣都要孩子比人強。筆者也是好強不服輸的個性，所以很能同理這些媽媽的感受，可是我並不想拿孩子和任何人競爭，一較高下。

理想過高的人是所謂的「高成就者」（overachiever），他們富有拚命三郎精神，把與生俱來的天賦能力發揮到極致，在校成績傲人，職場表現亮眼。基於自身的成功經驗，他們深信只要孩子也像自己這樣奮發努力，一定可以成為人中龍鳳。然而，除非孩子的個性也如同母親般好強，或是比母親更不願服輸，否則，母親跟在孩子屁股後面不斷鞭策「好還要更好」，孩子很可能無法回應過高的期待，或即便努力奮發，也終有燃燒殆盡、油盡燈枯的一天。

筆者呼籲孩子們的父親，切莫等到這天到來，應該盡快出面挽救孩子，安撫媽媽和孩子的情緒，讓大家冷靜下來。一方面拆除媽媽不合理的高標準，一方面肯定孩子一路以來「為成長努力付出」，讓父母都深感與有榮焉。父母必須明確說出口，讓孩子知道大人是和他站在一起。父母在這個環節上絕對不能偷懶。

說到這裡，讓我們也順便認識所謂的「未達標者」（untouchable）。社會上的「未達標者」不在少數，他們擁有遺傳基因賦予的高度天賦，卻不想讀書也不願工作，基於種種理由而毫無作為。那些未能養成讀書習慣的孩子，有著不會太差的能力，只要肯踏出一步就可以看到成績，卻辜負了大好天賦，在某方面來說，或許也算是一種「未達標者」。

令人好奇的是，無論是理想過頭的「高成就者」，還是相反的「未達標者」，他們的「標的」，也就是「成就」（achievement）的標準究竟在那裡呢？我認為，「成就」原本是誰都看不見的目標，但理想主義者的媽媽卻用再明確不過的高標準來鞭策孩子，這莫非是罹患了「就怕將來後悔症候群」。

她們是那種不斷為各種事項設下「截止期限」的人，因為「不想要孩子將來後悔莫及」，唯恐「現在不做就會太遲」，為了在自訂的截止期限內完成種種目標而焦慮自苦。我認為，與其為不可知的將來憂心忡忡，不如把握今天，把日子過得舒心愉快，這才是媽媽可以給孩子的寶貴家傳。

青春期的孩子情緒狂飆，父母只要默默守護就好

迎接青春期到來的少男少女，男孩會開始變聲、長鬍鬚；女孩會開始來月經、體態顯露女性玲瓏的曲線美，從原本的「孩子」過渡成為大人。

半年前，還跟前跟後媽媽長媽媽短的兒子，最近卻連正眼也不瞧媽媽一眼，好像是故意躲著媽媽，只在要討零用錢和肚子餓的時候，才會願意蹭到媽媽身邊。

從他們嘴裡吐出的，淨是些聽來刺耳的口頭禪，什麼「好廢」、「厭世」、「真噁」、「挫屎」、「不爽」，讓媽媽感到既錯愕又難堪，還多了幾分失望。

雖明知這些都是「青春期的洗禮」，媽媽仍難免信心動搖。

所謂青春期，說穿了就是「遺傳基因強烈閃爍」的時期。比方說，原本沉睡的性荷爾蒙遺傳基因甦醒過來，開始大閃特閃，宛如是「人生最盛大的一場遺傳基因燈光秀」開演。正因為肉體與心理都日趨成熟，所以不願再依附大人，懂得對成人與社會提出質疑，心生反彈，這就是叛逆期的開始。

相信大家也很想知道，人體內的兩萬多個遺傳基因，是如何對身心下指令的呢？如同我在稍早前的說明，每一個遺傳基因都有自己的開關，在ON和OFF之間反覆切換。比方說，晚上睡覺的時候，有的基因會切到「OFF」模式，有的反而切入「ON」模式；而隨著季節、氣溫的變化，也會適時切換「ON」和「OFF」開關。

人體只要不是暴露在放射線等的惡劣環境，或受到抗癌劑等強力藥物的影響，遺傳基因都能按部就班地切換「ON」和「OFF」開關，井然有序地正確行使調控功能，好比訓練有素的大型交響樂團，又像是一部音律精準的鋼琴，可以演奏出和諧優美的旋律。

「遺傳基因開關」是無法用人為意識來調控「ON」和「OFF」的開關，就如同我們無法用意識控制自己的心臟跳動。遺傳基因自動地一再反覆合奏著相同的優美曲調，至於他們會奏出何種曲調，端看指揮者和演奏團員的個性詮釋。

青春期猶如鬧區中五顏六色的燦爛霓虹燈，時間一到，場景氣氛瞬間切換。進入青春期，人體忽然長高變壯，思路也逐漸走向成人模式，完成重大的身心轉變過程。最初十多年的生命經驗，至此重新設定，然後再次出發。就在這當中，叛逆期也悄然而至。青春期的身心變化，可以說是遺傳基因開關活化的證明。

萬一孩子在這期間粗聲粗氣地衝著妳喊「搞什麼」、「少囉嗦」，用難聽的話語頂撞妳，請不要驚慌。就當作是孩子「人生最盛大的一場秀終於揭開序幕，霓虹燈即將大放異彩」，請用滿懷期待的興奮心情默默守護孩子的成長。

不同於「奮發的開關」不知何時才會啟動，孩子到了一定年紀，「青春期的開關」幾乎都必定自動切換，這是不是令人感到既神祕且奧妙呢？說到這裡，有的媽媽可能又要為孩子的叛逆期不明顯而憂心，懷疑自家孩子會不會是成熟遲緩？

其實，絕大多數孩子的青春期都是在正常的個體差異範圍內，父母不必要過度擔心。只管以期待「這孩子的青春期開關不知何時會啟動」的心情，輕鬆以待即可。

日本擁有高度的國民義務教育水準，家長無需額外再傷荷包

日本社會長年的景氣低迷、貧富階級差距兩極化，造成「孩子的學力與父母的經濟實力成正比」的說法甚囂塵上。一般而言，出生富裕家庭的孩子，比較容易受到良好教育；而愈是接受良好教育的人，功成名就、享受富貴生活的可能性愈大。這麼說來，家長的經濟條件與孩子的學力、能力確實有著因果關係囉？先不論這說法是否成立，讓我們釐清所謂「孩子的能力」究竟所指為何？

有人主張說，「孩子的能力」指的是學業成績，然而筆者有不同看法：學業成績充其量也只是個「結果」，意義

如同是尿液的濃度;孩子真正的能力並非「結果」,而是「心理與情緒的活動狀態」;能夠喜歡自己(自我肯定感)、能夠自己做決定(自主能力)、能夠對他人的處境感同身受(同理能力),具備這三種優秀能力的孩子,就是有能力的孩子(關於這三大能力,稍後在第三章會有詳述)。

有能力的孩子,未必都有亮麗的學業成績表現。「我們家很窮,所以孩子沒有才華,學業成績也不行……」父母如果用這種先入為主的狹隘偏見來抹煞孩子的能力,未免令人遺憾。

日本的學校教育制度算是相當完備,「不因貧富差異影響孩子的受教品質」這一點,尤其值得稱道。特別是我們的國民義務教育,雖然仍有不足之處,但是在「確保國家未來主人翁有一定學力」的這項基本任務上,無疑已經善盡功能。而對於實施學童營養午餐的成效上,也做到了其他國家望塵莫及的細緻講究。

我有三個孩子,長女、次女、小子都就讀學區內的幼兒園、公立小學、公立中學。他們雖然都與所謂的早期教育無緣,卻都能走出自己的路。這三個孩子在上小學以前,都不會寫假名,最多就只會寫自己的名字。但是上了小學以後,該學的、該會的，學校一樣不少全都教會他們，讓我這個做父親的由衷感謝孩子的老師們。

日本國民義務教育尤其值得讚許的是，學校教學用心，家長不必為了提升孩子的學力，再額外灑銀兩。比方說，孩子背九九乘法表，背到七乘法時遭遇瓶頸，再也背不下去，老師並不會責罵孩子，而是讓他們回頭唱誦已經背得滾瓜爛熟的二乘法、三乘法，一面稱讚孩子「真棒」、「好厲害」，漸漸地，孩子便會背出自信和興趣，也就突破了原先的障礙；孩子考試考不好，哪怕只拿三十分，老師也會挑孩子答對的來讚許他。師長對孩子的真心肯定，是金錢也買不到的成長助力。

每個孩子都閃爍著才華的信號

平凡不起眼，毫無特點可言，走到哪裡都像透明人，不會吸引人多看他一眼……某個孩子的母親曾經對我說：「我這孩子老實說也沒什麼值得讓我操心的，但我就是忍不住懷疑，自己的孩子究竟有沒有才華，讓他這樣一天過一天好嗎？」

孩子在校成績普普，沒有突出的才藝表現，在哪裡都不搶鏡，完全不是當主角的料，儘管他安分守己，完全不勞師長費心，但父母無論如何就是覺得孩子少了點什麼。看在那些因為孩子素行不良、成天被老師請到學校的父母，或是因為孩子體弱多病、身心障礙，而疲於照顧的父母眼裡，難免發出不平之鳴，認為「抱怨孩子太平凡」是種「好奢侈的煩惱」。對於這些「煩惱得一點道理都沒有」的父母，筆者有話要說。

任何一位孩子，必定有他的亮點與可取之處，只因為成了自己的孩子以後，優點都成為理所當然，逐漸變得一點也不起眼。但是，只要擦亮你的慧眼，應該就可以找出蛛絲馬跡。如果有這樣一位小學生，他會為遭遇不幸的同學流淚，也能把別人的開心事當成自己的好事一樣興奮雀躍，你不認為這孩子擁有了不起的才華嗎？

至於孩子的才能究竟會在何時、以什麼樣的形式開花、結出什麼樣的果實，相信所有的父母都恨不得早日知曉。父母或許是擔心，家中「慢啼的雞」該不會始終不啼……放心吧，遺傳基因對於這一切完全了然於心，如同植物的成長那樣，每一年、每到對的季節，花苞就會逐漸飽滿，終於開出花朵。

舉例來說，如果以大學入學考試為分界，畫分人生的重大階段，與其在這之前心急地趕工催花，不如信任遺傳基因的安排，耐心等待，如同順應天時地利，默默守護，殷勤澆灌，等待花季來臨。如果只因為自己等不及想提前看到花開，於是投入大量血本催開花，對花朵本身有何意義可言呢？

在這裡容我分享二女兒的小小往事。當時她不過是國小低年級學生，正好輪到營養午餐給同學打菜。隊伍裡面一位等著給菜的同學，忽然噁心反胃，猝不及防地吐了出來。旁邊的同學全都慌忙跳開，只有我家二女兒伸出雙手，作勢要接住同學的嘔吐物，也不知是誰失了準頭，總之嘔吐物噴了她滿頭都是。儘管現場慘不忍睹，本該自顧不暇的二女兒卻只關心嘔吐的同學，甚至問他：「你還好嗎？」這段插曲是二女兒當時的導師告訴我的。

二女兒國中時，學校的勞動服務時間規定學生要去除草，她撿到一株發芽的小樹苗，交給自己的導師說：「這葉子看起來像櫻花樹，請老師救救它。」導師一開始不相信，拗不過她的蠻勁，只好把小樹苗好好地種在游泳池旁邊。沒想到後來小樹苗果真出落得亭亭玉立，如今已經是牢牢紮根在校園裡的櫻花樹，而且就以二女兒的名字來命名。

二女兒後來找到自己的夢想，並且實現了夢想，成為一名兒童加護病房的護理師。如今回想起來，她念小學和國中時，一直都擔任班上的保健或生物小老師，我才恍然大悟，「原來，一切老早有跡可循」。雖然只是中小學時代尋常日子裡發生的小插曲，卻暗示著未來人生發展的重要伏筆，這或許也是遺傳基因安排的劇情之一。

其實孩子們都在不自覺間，試圖將遺傳基因的訊息傳達給自己的父母，二女兒當年的導師們並未遺漏了孩子顯現出的小小的「過人之處」，讓我至今仍深深感念不已。

認為自己的孩子平凡而一無所長的父母，貴子弟即便真的沒有令人眼睛一亮的才華，但也許有著誰都學不來的善良心地，只是父母和他本人都未能察覺罷了。毫無例外地，每個孩子都是帶著某種才華的種子來投胎並成長在這世上。

那麼，要如何發現孩子的才華所在呢？這就要看孩子本人，他自己想要什麼？自己做什麼的時侯特別興致高昂？唯有坦誠面對自己，才能夠找到真正的答案。如果說世間真有催化才華開花的訣竅，那就是「抓準時機，義無反顧勇往直前」。而在孩子找到自己真正的主舞台之前，父母能做的，唯有始終保持一顆柔軟的心，默默支持孩子，然後在時機到來之時，推孩子一把。

遺傳基因的劇本裡預留了空白，我們無法預知孩子的才華何時綻放

遺傳基因的故事始自卵子受精的剎那，直到生命臨終的那一刻才結束。

那麼，是否有年華虛度而始終不開花的遺傳基因，最後就這麼默默凋零？事實上是沒有的，因為無論活到幾歲，遺傳基因的開關始終都保持在開啟的狀態。遺傳基因並不時興「看誰最快達陣」的比賽，我們只能默默守護、靜待花開，而對於基因遲來的展現，我姑且稱為「晚成的遺傳基因」。

有個小男孩，小學三年級還不會騎自行車，父母擔心孩子跟不上同儕，專程為他「特訓」，但只要一拆掉輔助輪，男孩立刻失去重心，翻車倒地。他

咬緊牙關試了又試，偏偏怎樣也學不會。然而就在升上五年級的春假，他一時興起，再度挑戰騎自行車，沒想到三兩下就上手了。我認為，這男孩遲來的成就感，比起打從幼兒園就能騎著自行車到處溜達的孩子要大很多。

騎自行車也好，吊單槓也好，背九九乘法表也好，只要別的孩子都會，自己的孩子卻學不起來，父母就難免擔心。奉勸家長不要心急，孩子有一天自然會開竅，自然會找到自己的路，所謂「大器晚成」，成功得愈晚，感動的回報愈大。

聊聊我自己的經驗吧！年過五十歲以後，我才開始跑馬拉松。當時的我平日完全沒在運動，拗不過下屬力邀，只得勉為其難地「撩落去」。我買了教學指南，又不惜血本砸下重金，購買昂貴的跑鞋等裝備，有計畫地開始了跑步訓練。萬萬沒想到的是，自己竟拿下我們這群「跑友」中的最佳成績。從此以後，我就迷上跑馬拉松而欲罷不能，然後在五十八歲時，寫下三小時七分鐘的個人成績，獲得莫大的成就感。

我小時候是個十足的運動白癡，誰能想到，長跑竟然是遺傳基因「許」我的特長，如果不是下屬死纏爛打地拉著我去跑馬拉松，我這輩子鐵定不會知道自己體內潛藏著「長跑基因」。年過半百後意外獲得這樣的成果，讓我重新認識遺傳基因的威力，恍然大悟之餘，也慶幸自己何其幸福，感謝有這個「晚成的遺傳基因」。

人生經常被比喻為馬拉松：有人起步特別順利；有人繞了遠路；還有人被迫在中途放慢腳步，也有的因為跌倒而延誤。還有全心爭排名的專業運動選手，也有只求刷新個人紀錄的業餘玩票，哪怕只比自己的舊紀錄快一秒鐘，就算達標；或者有的跑者樂在與夾道吶喊助陣的觀眾開心互動，他們踩著自己的步伐和節奏，只要在規定的截止時限內跑完全程，便感到心滿意足。在人生的跑道上，人們不也都是為了各自的意義與目標在努力嗎？

大家可知道馬拉松的紀錄，其實分為「淨時間」（Net Time）和「總時間」（Gross Time）兩種嗎？自起點線鳴槍計時開始，到抵達終點為止，稱為「總時間」，也是正式的官方紀錄時間。但是，也只有站在第一排的頂尖馬拉松選手，才能夠在裁判鳴槍的同時越過起點線，像東京馬拉松這樣，參加人數動輒四萬起跳的體壇盛會，從鳴槍開始到所有的參賽者都通過起點線，少說也要半個鐘頭。

起跑槍聲一響就一馬衝出起點線的選手，和三十分鐘後才得以通過起點線的跑者，出發時間已經前後相差三十分鐘，所以參賽者都有自己的「淨時間」，也就是自己從通過起點線的時刻開始計時，到抵達終點的全程時間。業餘跑者的個人紀錄，當然是以「淨時間」的成績比較符合實際。

對於邊跑邊玩、目標只在跑完全程的人而言，早一點衝出起點線，還是晚一點衝出起點線，其實都不影響「淨時間」的結果。「晚成的遺傳基因」就像是晚點才出發的馬拉松跑者，開關啟動的時間比較晚，也可視為「後發的遺傳基因」。附帶說明，筆者個人三小時七分鐘的紀錄，自然是非官方的個人紀錄。

遺傳基因編寫的劇本裡，必定會有提供主角自由發揮的留白、彈性空間與擺盪幅度。之所以能夠發揮青出於藍的才華、意想不到的特長，也是拜主角的努力，加上在基因劇本空白處的「即興發揮」（ad libitum）所賜。不要操之過急，自然會在不急不徐的步調中發現紅利機會。有的人十多歲就發現，我則是在年過半百以後才終於邂逅這個「驚喜」。

沒有「吃了就會變聰明」的食物，吃得開心最重要

「給孩子吃什麼東西頭腦才會變聰明呢？」

「聽說吃富含DHA的青皮魚對身體很好！」

「吃椰子油可以增強記憶，是真的嗎？」

「印度的澄清奶油（Ghee）好像很健康喲！」

「人家說維生素D能促進腦部神經突觸連結，是真的嗎？」

媽媽為了孩子的健康著想，每天費盡心思準備三餐，用心良苦精神可嘉，但如果為了求好，而被各種報導和小道

消息要得團團轉，動輒得咎，恐怕只會適得其反。

筆者身為小兒神經科專科醫師，治療過許多癲癇發作的孩子，只有極少數案例需要動用到限醣、高油的生酮飲食來治病。但是這通常僅限於用在藥物也無法奏效的重度癲癇病患，利用生酮飲食來抑制病情發作。至於健康的孩子想透過控制醣分攝取，並食用大量油脂，來增強腦神經突觸活性，或是強化腦力，都是異想天開。

雖然說青皮魚富含健腦的DHA，但是稍微攝取不足也不至於罹患大病，或是讓人變笨。家長可不要迷失在鋪天蓋地的養生保健資訊洪流中。

有一個主張說，日本傳統和食能養出代代聰明的孩子，看似說得頭頭是道，但其實並沒有確切根據。吃熱狗也好，吃炸雞也好，吃烤魚配柴魚高湯蛋捲也罷，純粹是個人喜好問題，與頭腦好壞無關。

近來，椰子油和印度澄清奶油據說有預防失智症的功效，因而備受矚目，不過，可以活化高齡者的食物用在成長發育中的孩童身上，是否也能見到同樣功效，這就不得而知了。

關於孩子該怎麼吃才好，坊間資訊莫衷一是，究竟誰說的對，誰在亂講，實在難以明斷。可以確定的是，只要過著現代日本的尋常生活，都不必擔心因為缺乏特定營養素而生病。

我知道有些非常講究飲食的媽媽，不讓孩子接觸所有的食品添加物，甚至就連砂糖也敬而遠之，蔬果、肉類等食材，如果不是有機就吃得不安心。但是對孩子來說，這樣的標準是否過於強求呢？學齡前的孩子樣樣跟著媽媽吃，媽媽堅持「這就是我們家的風格」並無妨，但是孩子上小學以後，也會有自己的交友圈和日常交際，往往無法受控。而即便是身體需要的維生素或天然食品，攝取過量還是不乏中毒的可能性。

相反地，哪怕是千夫所指的速食與食品添加物，偶爾打打牙祭，滿足口腹之慾，也不至於對健康造成多大的危害。總是緊盯著食品包裝上的內容物與營養成分標示錙銖必較，各位不覺得過於神經質，弄得自己好辛苦嗎？

我認為，吃是一件快活的事，「吃得開心」最重要。父母要懂得經營用餐氣氛，利用全家圍坐餐桌時，輕鬆吃飯聊天。比方說，掌廚的人先向大家炫耀：

「好吃吧，你們猜這道菜是什麼做的？」再端出孩子愛喝的果汁、媽媽喜歡的紅酒、爸爸最愛的啤酒，大家一起乾杯，多麼歡樂暢快！如果為了頭腦好，只能吃花椰菜加豆芽菜，配上苦澀的蔬果汁，本該皇帝大的吃飯樂事也變得味如嚼蠟，毫無樂趣可言。

孩子並不會因為媽媽廚藝不精，做不出拿手菜而拒吃，也不會因為媽媽做的菜不符合營養學標準，所以導致課業成績差、罹患異位性皮膚炎。筆者當然樂見父母用心照顧孩子的三餐，讓孩子攝取均衡的營養，但前提是不能造成媽媽太大的壓力。畢竟孩子每天都得吃飯，張羅三餐可不是一兩天的事，媽媽可以放輕鬆一點。必要的時候，管他是百貨公司地下街的熟食、超市的冷凍食品，只要餐桌上的氣氛和樂融融，對孩子來說，無論是什麼樣的菜色就是佳餚美味。

拒學的孩子需要的是休息，告訴他們不上學也沒關係

想去上學，身體卻不聽使喚；只是同學間的小口角，卻演變成被全班排擠，在班上無立足之地；害怕被導師斥責，一到上學時間就嘔吐；暑假結束，新學期開學在即，卻不想去學校，一晃眼已經在家蹲了三個月……為什麼孩子變得不願上學呢？

有個不願上學的孩子來掛我的門診，我大略聽了孩子的描述以後，理所當然地對他說道：「這樣啊，既然你沒辦法去上學，那先不去學校沒關係。」孩子的父母神情凝重地盯著我看，好像在說：「這位醫生，你知道自己在講什麼嗎？」我面帶微笑地向這對焦慮的父

母解釋：「別擔心，我從沒見過只因為不想上學就走錯人生路的孩子。倒是出了社會以後，不想上班而一心要離職的人很多，這些人過得更辛苦。趁著義務教育期間，該休息的時候好好休息，讓孩子趕緊充電，也是個選項。」

這一對父母或許滿心期待身為醫生的我，會幫孩子醫治好體內隱而未察的疾病，再說服孩子乖乖上學用功讀書，哪裡想到我竟然爽快說出「不去學校沒關係」這種話，簡直把他們給嚇壞了。

孩子不願去學校，背後必定有苦衷，沒有孩子只想著偷懶、翹課。不上學是因為「想去，可是去不了」、「知道該上學，但身體卻不聽使喚」，走不出內心重重糾葛，最後找到我的門診來。父母無視於孩子內心已經有十二萬分的痛苦，還嚴詞訓誡他們「你再耍賴不上學，就會一輩子沒出息」，然而這在他們聽來不過就是刺耳的雜音罷了。

拒學的孩子年年增多，已經成為受到高度關注的社會問題。為了讓這些「迷途羔羊」回到校園，甚至出現專門的輔導專家。絕大多數輔導人員都一心為孩子著想，但也有少數不肖分子非法向家長收取輔導費用。

有些教育專家甚至還主張，「父母一開始的堅持很重要，如果太好說話，允許孩子不去學校，將來會變得難以收拾。」這話或許有他的道理，然而孩子已經身心俱疲，到了無法上學的地步，這時候最要緊的，難道不是照顧孩子的體力與心力嗎？都到了這個節骨眼，父母、老師與孩子更應該坐下來真心對話。

無論如何，媽媽也用不著因為孩子不願去上學而苛責自己，就當做是老天爺給的「休假」，讓孩子好好調養身心，等到氣力恢復，再出去走動，重拾書本。成長不必急於一時，只要相信孩子有朝一日又會重新回到學校，以平常心過日子就好。唯獨心理上務必要做好隨時可以重回學校的準備，始終保持和上學相同的起居作息。只要能夠謹守住這個底線，就不會有太大的問題。

無需事必躬親的希拉蕊育兒術

角逐美國總統大選寶座的候選人希拉蕊·柯林頓，在甫宣布出馬參選時，曾出席一場美國小兒科醫學會的演講。筆者躬逢其盛，也是現場聽眾的一員，對於希拉蕊女士的演講內容心有戚戚焉。

當時許多人對美國歷史上第一位女總統的誕生寄予厚望，聲勢如日中天的她，面對台下清一色的小兒科醫師，演講內容自然也圍繞著兒童的主題。已經當阿嬤的希拉蕊，聊到自己如何與女兒、女婿一起帶孫子。她說：

「育兒工作可以分為例行公事與非例行公事兩種。」

所謂「例行公事」，就是日復一日、不斷重複的「標準化作業」，像是換尿布、餵食、陪午睡這類即便請人代勞也行的任務，就算偶爾換人做也無妨。但是，「非例行公事」就不方便交給他人代勞，必須得親自來做了。

希拉蕊女士的高見，和我的想法相差了十萬八千里。

她說每天晚上都會拿出喜愛的繪本《月亮，晚安》（*Goodnight Moon*），給孫子讀床邊故事。對孫子來說，這是告別每一天的特別時刻，而這項意義重大的「非例行公事」，正是由希拉蕊本人親自陪伴。可想而知，身為眾議會議員，又是總統候選人的希拉蕊，公務何其繁忙，但是她依然珍惜與孫子共享生命中的「非例行公事」時刻。真不愧是美國前內閣部長，至今仍堅持在育兒的精要上發揮力量。

把繁瑣而沉重的育兒工作區分為「例行公事」與「非例行公事」以後，可望減輕婦女的育兒負擔，讓親子都得以輕鬆過日。媽媽可以將重心特別聚焦在「非例行公事」上，而「例行公事」則透過其他家人的支援，或是政府提供的鐘點托育等公共服務，協助分擔，對孩子來說，也是擴大接觸其他成人的好機會。

雖然直到現在還有人認為：

「三歲前的孩子，媽媽應該自己帶！」

「把零歲的寶寶送到托兒所，孩子真的好可憐！」

但是這些說法其實並無根據。想想希拉蕊女士的主張，適度調配育兒工作，然後在「非例行公事」上，對孩子傾注滿滿的愛，又有何不可？

雖然說是「非例行公事」，但絕非是指什麼非常了不起的特別任務。前往托兒所接孩子時，一見面就把孩子抱個滿懷；回家路上，牽著孩子的手同行……諸如此類的日常，對爸媽與孩子來說，都是無可替代的天倫時刻，也是人生中彌足珍貴的「非例行公事」。

CHAPTER 3

培養孩子不可或缺的三大幸福能力

孩子能文能武固然令人欣慰，

不過養成孩子具備「同理能力」、「自主能力」、「自我肯定感」，

這三大能力是父母應盡的責任，也是相當重要的事。

同理能力、自主能力與自我肯定感，是引領孩子邁向幸福的三大能力

天下父母心，誰都希望孩子的人生路走得順遂幸福。筆者深知大家的心聲，所以在這裡告訴父母有三種能力是一定要培養孩子的：一是能夠設身處地為他人著想的「同理能力」；二是無論何時何地都能夠自己作主的「自主能力」；三是感恩自我存在、樂於做自己的「自我肯定感」。這三種能力猶如是守護一個人幸福的三大勾玉[7]。筆者相信，孩子只要擁有這三大能力，無論置身何等困頓的環境，都能夠力克難關。

「同理能力」具有以心傳心的力量，能讓對方感受到這個人懂我，是可以給人幸福的美好力量。你可曾這樣想

過「我家孩子學業成績不怎麼樣，卻很懂得為朋友著想，他相當有同理心」或者「這孩子老是只顧著自己，他如果可以多為別人著想就好了。看來他的同理能力還有待加強」。也許，你認為自己擁有同理能力，然而在生活中經常因為不懂別人在想什麼而吃悶虧。

「自主能力」正如同字面上的意義，就是忠於自己的意志、可以自己作主的能力。由於做決定的結果往往會立即反映在現實的成敗，所以是很容易察覺到的能力。比方說，你做了一個決定，事後可能會有幾種結果：「事情順利完成了！還好我做對決定。」「最後雖然失敗了，不過是我自己做的決定，也怨不得別人。」「這是自己深思熟慮的結果，沒想到還是行不通。下次再試試別的辦法。」又比如說，你家孩子是否曾讓你感到：「這小傢伙常常任性妄為，但是他

7 譯注：勾玉又稱曲玉，外觀形似太極陰陽雙魚圖的一半，有一鑽孔可繫繩，材質大多為翡翠、瑪瑙、水晶等。起源眾說紛紜，在日本至少可追溯至西元前的繩文時代，寓意「偉大」、「光輝」的意思，不僅可以當裝飾，還可以產生神靈，被視為具有改善運勢和除魔的能力。古代勾玉是很寶貴的物品，有一定身分地位的人才會佩帶勾玉。日本神話中，勾玉是巫女的護身符以及施法的媒介。

勇於承擔的自信連我都自嘆不如。」「這孩子就連日常小事也猶豫不決，害怕自己做決定。」的確，自主能力是孩子品味成就感所不可欠缺的能力，也是最容易外顯的能力。

「自我肯定感」則是十分主觀，無法與人比較，也不能評價，更無法以數值量化，是這三大能力中唯一不以「力」，而是用「感」來表現的能力，也可稱為「自尊心」，大約近似於英語self-esteem的語感。

一個人即便擁有「同理能力」與「自主能力」，也未必能夠清楚認知到自己可否具有高度的「自我肯定感」、這輩子能否過著充滿自我肯定的人生。自己尚且沒有把握，更別說他人能憑著表象來判斷。那麼，父母可以為孩子的「自我肯定感」做些什麼，好讓孩子活得更有自尊、能夠自我肯定呢？

「感恩自我存在」——當一個人萌生這樣的感受時，或許就是他與「自我肯定感」緊密結合的剎那。

相較於「同理能力」與「自主能力」受到後天調教和生長環境影響比較多，筆者相信，「自我肯定感」是鏤刻在「遺傳基因」裡，與生俱來的天賦。

引導孩子邁向幸福的三大能力

同理能力

設身處地同理他人感受

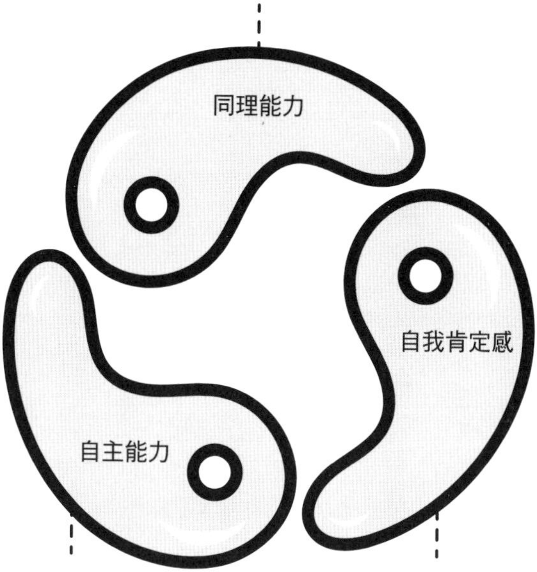

自主能力

自己的事情自己作主

自我肯定感

感恩自我存在、
樂於做自己

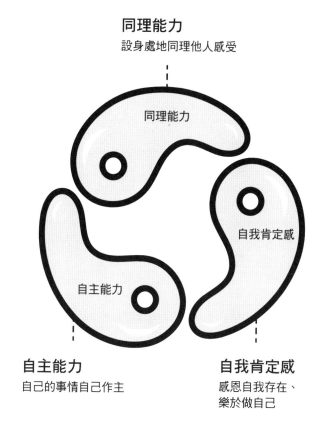

孩子天生擁有自我肯定感，大人請勿破壞這種美好的天賦

毫無例外地，孩子天真無邪的笑靨，總是沁人肺腑，令人由衷感到歡喜，那是因為他們的笑容裡，充滿了「自我肯定感」。沒錯，世上沒有任何一個寶寶不是帶著「自我肯定感」來投胎的。確保每一名寶寶都帶著「自我肯定感」出世，這是遺傳基因的職責，也是天賦的本性。

孩子在發展智力與社會化的過程中，首先學會的就是「微笑」。呱呱落地不過須臾的孩子，都會展露笑容；而在出生三到四個月之後，幾乎所有寶寶都能發出稚嫩可愛的笑聲，這可視為是預測日後智能發展的重要徵兆。

反過來說，「失去笑容」、「沒有表情」，對孩子而言是最大的危機，可以當作是孩子發出的求救信號。

筆者診療過的ASD（泛自閉症障礙）和ADHD（注意力不足過動症）兒童，普遍有情緒控制困難、表情貧乏等症狀表現，但是只要仔細觀察他們，可以發現這些孩子並非天生的低自尊。他們的自我肯定感是長年在大人和周遭同儕的否定與貶抑下，不知不覺崩壞、流失的。他們在不健全的環境中強忍，長期遭受壓力傷害，衍生出與原本障礙不同性質或程度不一的問題，醫學上稱為「次發性障礙」。「次發性障礙」於是又引發行為偏差、犯罪、脫離社會等重大問題，而「次發性障礙」的真面目，其實源於自我肯定感的崩壞。

那麼，爸媽應該如何守護、提升孩子的自我肯定感呢？筆者為大家具體解說「非做不可的事」，但願所有接觸育兒工作的人，都可以將這幾件事放在心上。

吾家有女初長成，開始懂得打扮的女兒，畫了一個最流行的妝，又參考Instagram，買了一件新衣服。媽媽是女兒最初的女性角色模仿對象，她拿著新衣在胸前比畫，興沖沖地問媽媽：「看起來如何呀？」想徵求媽媽的意見。如果妳是這位媽媽，會怎麼說呢？

「什麼嘛，難看死了，這打扮完全不適合妳。」如果這樣說，就會當場潑了滿懷期待的女兒一大桶冷水，只怕從此對打扮失去自信，連談戀愛也變得消極。又比方說，當孩子鼓起勇氣，野心勃勃宣示自己的抱負說，「我將來要去德國留學」、「我想成為一名新聞主播」，父母一臉不屑地反譏「就憑你這樣子」，你認為孩子還會願意與父母談論自己的理想抱負嗎？

把孩子看扁、當透明人視而不見，或是拿孩子出氣粗暴對待……父母老用種種不知尊重為何物的態度來對待孩子，都是在一點一滴地消蝕孩子的自我肯定感。當孩子惹你不高興，在破口開罵之前，請先在腦子裡多考慮幾秒鐘；眼看就要對孩子發飆時，先深吸一口氣，冷靜下來。其實有很多方法都可以阻止父母糟蹋孩子的自尊心。

孩子的心是柔軟而純真的，如果連最親近的爸媽都否定自己，原本天生俱足的自我肯定感也會遭到狠狠的打擊，而失落不已。這樣的日常傷害積重難返，孩子可能也會變得不懂珍惜自己，認為「反正我就是不行」，而一再放任人生的大好機會流失。

不與人比較，經常由衷讚賞孩子，是提升孩子自我肯定感的基礎

究竟什麼是「自我肯定感」呢？筆者個人的解讀是由衷感到「自己存在在這世界上真好」。只要孩子達到「感恩自我存在」的境界，我認為父母的教育就已經成功了。

小小孩絕不會認為自己是不幸的，無論出身如何貧困的家庭、受到父母多麼慘無人道的虐待，他們都會以為自己家本該就是這樣。因為他們還不懂得與其他家庭比較，也沒有所謂「平均標準」的概念，所以即便大人對他們疏於照顧、言語惡毒、不幫他們洗澡、對他們不聞不問，也不知道可以憎恨自己的父母。

不但如此，愈是受到殘忍虐待的孩子，愈不懂得逃離父母的魔掌。他們深信，「因為我是壞孩子，爸媽才會這樣對我。我該怎麼做，才會讓他們喜歡我呢？」對於身邊發生的任何不幸，他們也會自動背黑鍋，認為一切都是自己造成的。例如，他們會認為：「爸爸會打媽媽，是因為我對媽媽不夠好的緣故，媽媽會哭都是我害的。」

孩子本性純真無邪，甚至連日子貧苦難過、遭受無情虐待都不自知。一直要到小學高年級以後，才會發展出客觀分辨能力[8]，那時他們才懂得和別人比較，並且對自己的幸福或不幸產生深刻感受。可想而知，孩子會失去天生的自我肯定感，大人必須要負相當大的責任。

那麼，要如何增加孩子與生俱來的自我肯定感呢？方法是從小讓孩子大量累積「有志者事竟成」的經驗，儘管放手去做就對了。無論是體育活動、課業學習、彈鋼琴、練書法、學畫畫，不必計較成果，也不必強求貫徹始終。再怎麼說，都沒必要刻意讓孩子從小體驗挫折的滋味。

哪怕是微不足道的小小成功體驗，也要讚賞孩子「真厲害」、「做得好」。

而既然要讚賞，就要讚賞得慷慨大方、毫無保留。在孩提時代累積大量成功體驗的人，會變得很強大。對孩子來說，擁有「只要自己願意做就可以辦到」、「我最喜歡自己」的自我肯定感，就是他們的「超能力」。

以日常生活為例。大人要求孩子幫忙做菜，孩子可能會搞砸，或會受一點皮肉傷，也可能會浪費一些食材，儘管如此，還是要給孩子幫忙做菜的機會。當孩子做得好的時候，大人要為他們鼓掌；孩子沒做好，大人也要肯定他們勇於嘗試的精神。

「老是稱讚孩子，不怕他們會得意忘形、不知自己的斤兩嗎？」

我好像已經看到有人在皺眉頭了。請爸媽別多心，儘管不吝稱讚，卯起來稱讚就對了。

讓我來說說自己在診間看到的、為日常的各種難題而苦惱的孩子們吧！這些孩子即便還沒被冠上「發展障礙」的病名，但是因為神經纖細敏感、個性強烈，

8 譯按：Metacognition，也就是後設認知。

總是遭人誤解。他們不只是受到師長、父母惡言相向，甚至連不認識的大人也來湊一角，指著他們的鼻子訓話，讓他們覺得「自己遠遠比不上同儕」、「自己是個與周遭格格不入的異類」。

對這些孩子的父母，筆者必定拜託他們：「別老是責罵孩子，要想辦法多稱讚他們。」只要把平日慣用的「負面表述」置換成「正面表述」，就可以發揮意想不到的效用。「正面表述」對所有的孩子都好用，學校也正在逐漸採取這種教導模式。比方說：

「別在走廊奔跑。危險，不准追逐！」↓「走廊要慢慢走。」

「吵死了，別說話！」↓「中氣十足真有精神。現在可以先安靜下來嗎？」

「字這麼醜，別人看得懂才怪！」↓「一筆一畫慢慢寫就好。」

「別再忘東忘西了！」↓「檢查一下隨身物品，是否都帶齊了呢？」

把負面表述改為正面表述，聽在耳裡是不是舒服多了呢？為了避免臨時要用的時候忽然詞窮，事先把經常可能用到的對話整理表列出來，也是不錯的方法。

父母教養孩子的不安和壓力，是孩子無法自我肯定的癥結

所有的教養書都千叮嚀萬交代，「千萬別拿孩子和其他人比」。父母明知道不應該比較，但眼前只要出現可供比較的對象，便忍不住處處比較起來，這或許就是人的劣根性。

成績排名、錄取學校、在社團的活躍度、交友人數……樣樣都可以拿來比較。「輸給誰都沒關係，就是不能輸○○○。」「連○○○都考上A校了，你再差也要考得比A校好。」當父母不停拿孩子與人比較、競爭時，對孩子說話的遣詞用字、神情與態度也愈來愈嚴厲。或許這些是出於鼓勵孩子上進的好意，卻可能因此造成孩子不知所措、喪

失自信，剝奪了孩子的自我肯定感。

有的媽媽們彼此明爭暗鬥，默默設定孩子的比較對象，用來確認自己在「育兒成績排行」中的名次。然而，因為媽媽的心機卻把無辜的孩子牽扯進來，口口聲聲說是為孩子好，其實只是為了滿足大人的自尊心罷了。

在我的門診中有位被確診為ADHD的孩子，我苦口婆心勸說這孩子的媽媽，「和別人家孩子比較，一點意義也沒有」，但這位媽媽總是撇撇嘴，似乎有口難言。原來這孩子被學校老師鎖定，不停拿他和班上小朋友比較，向媽媽抱怨說，「你們家孩子怎麼連○○都不會」、「其他孩子都沒問題，怎麼就你們家不行」。久而久之，媽媽也養成反射性地比較的壞習慣，變得老是神經兮兮、神情緊繃。

這孩子開始接受專業治療以後，在學校惹事的次數明顯減少。之前，他不斷被拿來和其他同儕比較，遭受貶損，自信心低落，所以長期心情沮喪。我們為他發掘出自己的強項，讓他在自己的強項中找回自信與熱情，從此這孩子判若兩人。此一真實案例為我們證明，即便是被認定為遺傳因素造成的發展障礙，都可能在適當的機緣促成之下，建立起孩子的自信心，只要不胡亂與人比較，孩子其實是有希望大放異彩的。同時，我們眼見陪同孩子來治療的媽媽，神情一次比一次開朗，對她明顯的改變感到不敢置信。事後回想，這是第一次在診間看到她的笑容。孩子找回自信以後，為了養育發展障礙兒受盡煎熬的媽媽也隨之重拾信心，說明這並非一條沒有出口的無盡隧道。

不只是發展障礙的孩子如此，面對個性強烈、我行我素的孩子，同樣忌諱拿他們與別人比較。如果非比不可，那就拿上個月的他、半年前的他來比。有的孩子或許會因為和別人比較而受到激勵，因為同儕競爭而奮發向上，可是別忘了，很多孩子不吃這一套。

孩子長大成人以後，無論是否在社會上出人頭地、是否過著幸福人生，都能夠認同自己、樂於做自己、慶幸自己的存在，這種「自我肯定感」，取決於「周遭人」的影響。爸爸、媽媽、學校老師，連同我們這些小兒科醫師都算在內。我們的使命，就是為守護孩子的自我肯定感而盡心盡力。

此外，媽媽保持住自己的自我肯定感也很重要。

在預產期前生出低體重兒、驗出孩子的染色體異常、帶孩子的過程中發現孩子發育遲緩……即便有種種無法預料的意外，養育孩子的大原則仍然不會改變。「都怪我懷孕期間搭飛機回娘家」、「是我經常熬夜害慘了孩子」、「為什麼我沒有早點發現自己懷孕了」、「如果再晚一個月受孕就好了」……媽媽或許有著無盡的悔恨，但其實這些悔恨的內容幾乎都和發生在孩子身上的「意想不到」無關。無論如何，首先要誠心迎接孩子的出生，用感謝的心意對待孩子，孩子也會以「謝謝把我生下來」的感恩之情給予回報。

儘管不斷嘮叨，筆者仍然必須再次強調，教養孩子自我肯定感的最大力量，來自媽媽本身的自我肯定感；而養育孩子的經驗，對媽媽的自我肯定感具有莫大的影響。

「有了這孩子萬事足矣，是我把孩子生下來的，我是孩子的媽呢！」懷抱滿足喜悅之情的媽媽，本身的自我肯定感也必定強大。相反地，「都怪這孩子壞了我的好日子……可畢竟是我把他生下來的。」滿是無奈心情的媽媽，將無可避免地破壞本身的自我肯定感。

不過，自我肯定感也並非如玻璃藝品般嬌貴脆弱不堪一擊，必須拿鵝絨布細細擦拭、小心翼翼包裹，捧在手掌心萬般呵護。生產、育兒的過程，可以視為媽媽提升自我肯定感的途徑。請回想孩子剛出生時，那張純真無瑕的天使面孔，還有身上散發的淡淡奶香和溫潤的觸感。再想想孩子出生一到兩星期以後，第一次的呵呵笑聲。

自我肯定感猶如「生命之水」，是它的澆灌讓遺傳基因所賦予的才華開花結果；而媽媽的自我肯定感，正是促使孩子綻放才華的關鍵。

自主能力在孩子兩歲時萌芽，凡事請尊重他們的意願

還記得自己打從出娘胎以來，頭一次拿主意、做決定的是哪件事嗎？是決定用哪支顏色的粉蠟筆塗鴉？或者是在買熊寶寶還是兔寶寶的玩偶之間做出選擇？又或者是決定用哪一種花色的紙來摺紙？

人生中第一次自己做決定，恐怕老早在自己懂事之前，所以任憑苦苦尋思，也回想不起來了。那麼，孩子從幾歲開始會有自己的意志，想要自己做主呢？問題的答案涉及心理發展的領域，粗略來說，兩歲的孩子就懂得二選一，可以從兩種選項當中，選出一個自己要的。如果問他們：「想喝柳橙汁還是蘋

果汁？」他們會懂得說：「我要喝蘋果汁（或柳橙汁）」。

雖然兩歲的孩子已經可以把兩個或三個單字串在一起講，也有一定的對話能力，但是面臨做決定的時候，還是只能勝任二擇一的選擇題。到了四歲左右，孩子逐漸發展到可以四選一的能力。反過來說，在這之前，他們的自主能力尚未發展成熟。

當一個人的自主能力日漸壯大，他會凡事想要自己做主，並隨之養成足以落實決定的行動力。因此，如果說一個人是否養成強大的自主能力，將足以左右人生際遇，這絕非言過其實。

「不會吧！不過是自己決定買哪一種玩偶、喝哪一種果汁，有這麼嚴重嗎？」你或許很難相信。

「別的孩子都上英語補習班，我們家孩子不去不行呀！」教養孩子盲從、跟風只怕會產生反效果。想培養孩子的自主能力，應該多多徵詢本人的意見，尊重他們的決定。比方說，常問孩子：「你認為哪個好呢？」常對孩子說：「給你自己做決定。」營造一個可以讓孩子真實體驗「自己做決定真有趣」的環境。而即便你不認為孩子的選擇有多高明，也千萬不要流露吃驚、不認同的表情。要讓孩子知道，他可以有不同於爸媽的選擇，你只管點點頭說：「嗯，原來你喜歡這個呀！」

日常生活中處處是培養自主能力的機會，府上不就天天在決定晚餐吃什麼嗎？筆者回想小時候，只要媽媽問：「今晚要吃什麼？」我總是想都不想，千篇一律回答「焗烤義大利麵」！雖然是如此簡單的親子對話，筆者到了這把年紀依然清楚記憶。其他像是幼兒園、小學低年級的孩子，可以讓他們自己決定每天上學要穿的便服。

我聽說現在有愈來愈多男性，去餐廳不知該吃什麼好。他們之所以猶豫不決，原因不外乎「怕點錯菜，因此不敢做決定」、「擔心會後悔，所以很難下決定」。反倒是在女性身上很少發生這種事。真沒想到連這種小地方都反映出性別的微妙差異，著實有趣。

又比方說，出門要搭電車還是走路，可以交給孩子做決定。有時，明明是孩子自己說「要走路」，走到半途卻開始吵著「要抱抱」，儘管如此，對孩子來說，仍不失為自己做決定的好經驗。電車上有時會看到有些孩子主動讓座給需要的人，讓同行的父母都會感到與有榮焉，孩子發揮自主能力的勇氣之舉，讓車廂中霎時瀰漫溫馨的氣氛。

更大一點的自主能力表現，就像是選擇要加入哪個社團，父母要信任孩子的決定，不必給太多自己的意見。選填高中志願是孩子人生中的重大決定，父母應該把選擇的權利交給孩子。各位可知道，在日本，選填高中志願需要家長同意。儘管國家並未賦予中學三年級的孩子自主決定權，但筆者認為，父母還是應該優先尊重孩子的意願，把人生的重大決定交給主人自己定奪。

以下是我大女兒的故事。這孩子從小為所欲為，我不記得自己對她有特別施以肯定和賞識教育，可是她天生具備的高度自我肯定感和強大的自主能力，叫我們做父母的都自嘆不如。

大女兒不僅個性像我，連長相也神似。她不聽人勸，一切都要自己作主。念中學和高中時，不肯好好用功，只會貪玩。（根據賢妻的說法）

我只記得她錄取志願高中時，和自己的老媽興奮地抱在一起，還有她大學入學考試名落孫山這兩件事。大女兒後來如願考上自己理想中的理工學部，專攻生命科學，畢業後卻跑到銀行上班，而且一路平步青雲，然後就在職場上邂逅如意郎君。她早早看透婚後如果繼續留在銀行，薪資會遭到大幅刪減，為確保經濟生活穩固，她眼明手快地跳槽到以前就很想嘗試的人才開發公司。

當這對年輕人正式向我稟報想共結連理的好消息時，我在未來的女婿面前，只要求大女兒答應她老爸一件事，那就是「話到嘴邊，多考慮三秒鐘才說出口」。我認為，生性直腸子的大女兒，想要和個性篤實沉穩的夫君美滿過日，說話一定要懂得委婉才行。這是身為父親的我，這輩子頭一次如此慎重其事的叮嚀大女兒。

不過就在一年後，女兒似乎就把老爸的叮嚀拋到九霄雲外了。毫無疑問的，這絕對是得自父系的真傳。我只能再次感嘆，遺傳基因的力量實在強大。自己都做不到的事，卻拿來向女兒說教，我的自以為是想法又是得自誰的遺傳呢？

能夠獨立自主是步上幸福人生道路的要訣

這世上再沒有比凡事可以自己作主還來得更幸福的事了。父母能給孩子最寶貴的承諾，莫過「我們會守護你的意志」，即便是筆者在診間照顧的病童們也是如此。父母和醫生不顧孩子的意願，擅自為他們決定要接受哪些檢查與治療，孩子被迫承受這些檢查與治療所帶來的恐懼和椎心刺骨的疼痛，大人還理直氣壯地對他們說，「忍耐點」、「你一定可以的」，這樣真的合理嗎？

醫界對於幾歲的孩子可以擁有醫療的自主決定權，至今還議論不休，這種事並沒有明確的法則規範。法律上雖然以年滿十五歲為具備遺囑能力的年齡，但說法仍屬曖昧。而醫生對於疾病的說明，大人都未必能夠理解，遑論孩子。所以大人就便宜行事，認為「反正小孩不懂，問了也是白問」，便想當然爾地代為作主。我認為，醫生應該盡其所能，用病童可以理解的話語為他們解說病情，好讓孩子有足夠的訊息，可以自己做醫療決定。此事無關乎要不要在醫療同意書上簽字。

有一宗病例，至今回想起來仍然令我內心隱隱作痛。那是一位六歲左右的心臟病童，他的病情嚴重，若不進行手術，心臟勢必會逐漸衰竭而殞命，但是這孩子堅決抗拒手術，一再哭鬧說：「不要不要，我絕對不要手術，我會死掉！」大人好說歹說地安撫他，終於勉強把他推進手術室，但是他從此再也沒有醒來過。雖然只是個孩子，他或許已經預先感知到死期的迫近。事後我相當懊悔，自責為何沒有尊重病童本人的意願，讓他自己決定是否接受手術。

我的病人當中，有一位罹患遺傳疾病的青年，他的四肢日漸失去力量，最後連走路也有困難。這些年看著他長大、成家立業，我認為他最大的武器就是「自主能力」。這位青年個性積極正向，對於自己要走的路早有定見，並且一步步堅定的走在自己選擇的道路上，是位堅毅不屈的真男人。

發病當時，他還只是個中學生，身為學校棒球隊的隊長，他卻漸漸無法控球，甚至不能從外野把球傳回給隊友。「醫生，我已經無法把球從外野傳回本壘了。」「我現在的手指連握球的力量都沒有……」儘管病情持續惡化，他仍然堅持坐在休息區的板凳上，幫隊友加油。

一想到他豁達的態度，對於當年還是中學生的他，我至今仍滿懷敬意。明知道自己罹患的是退化性疾病，很可能再也無法走路，他依然前往海外的大學留學。回國後，經由身心障礙權益保障制度，進入一流企業任職，無論婚姻還是工作，都得償所願。這孩子一路上總是自己做主，他的父母則始終尊重孩子的決定，堅定支持，其開明的態度讓我佩服至極。即便遺傳基因出錯，給了他一副壞牌，但他仍擁有自主能力，因此足以克服萬難，享有幸福人生。

生命僅此一回，為了活出自己，擁有夢寐以求的人生，無論如何都要勇往直前。這位青年的生命態度，讓筆者領悟到幸福人生的原點是自主能力，這就是我們行走於人世間的「超能力」。這與孩子是否四肢健全無關，而是所有為人父母者都有必要認知的教養真相。

孩子想要學才藝，無論是一開始的起心動念，還是中途想放棄或繼續堅持，最終都要把決定權交給孩子。這麼一來，不管結果如何，孩子都得面對自己的選擇，思考後果，並從中體悟自我負責的真諦。孩子長大成人以後，具備自主能力，並且能夠堅定實踐自己的選擇，乃是無上的幸福。

你倘若是個對孩子多所要求的父母，說不定，那是因為你並不滿意現在的自己。「不是的，我全都是為孩子著想。」你也許會這樣幫自己辯白。然而，對自己感到滿意的父母親，並不會對孩子有太多的要求。只要孩子健康平安，愛惜自己也對周遭的人們友善，這樣就差不多心滿意足了。

「我不該只是這樣」、「我值得更好的成就」，當父母將心中的不滿轉嫁成對孩子的期待，無論是對父母還是子女都不會幸福。

對於自信心不足，容易自我封閉的孩子，父母要不時給予肯定，告訴孩子「你是獨一無二的，做你自己最好」。必要時，父母參與意見無妨，但是一定要向孩子保證「我們信任你的最終決定」。

把最終決定權交給孩子，絕不是要孩子「對父母言聽計從」，而是應該在「親子充分討論」的前提下成立。人生就是一連串的抉擇，孩子在日常生活中勢必得面臨到各種抉擇，父母儘管可以為孩子提供建言，為孩子分析利弊得失，但是「最後決定權在你」的態度，必須貫徹到底。讓孩子做自己決定的事，累積「自己的決定自己承擔」的經驗，是培養百折不撓的自我肯定感、鍛鍊強大自主能力的必要途徑。

用體貼良善的話語，培養孩子的同理能力

期待孩子以強韌的心性勇度人生，除了足夠的自我肯定感與自主能力以外，還需要第三種能力，那就是「同理能力」。究竟什麼是「同理能力」呢？簡單說，就是設身處地為他人著想、對他人的歡喜悲傷可以感同身受的能力。

大人要培養孩子的同理能力，自己首先得真心同理孩子的感受。

孩子在路上跌倒，擦破膝蓋滲出血絲，哭喊「好痛好痛～」，有的媽媽會像念咒語似地唱道：「不痛不痛，你可以忍受的！」這雖然是出於媽媽鼓舞孩子的善意，卻直接否定了孩子的真實感受，並無助於培養他們的同理能力。不

善表達心情感受的幼兒，跌倒了也只會哭叫喊疼，爸媽大可以代為說出孩子的感受，像是：「好痛喔，嚇到了吧！你還好嗎？」這麼說，除了與孩子的感受共鳴，也可表達自己的心疼不捨。由衷地對孩子的感受產生同理心，是父母親可貴的力量。

大人的壞習慣，就是喜歡用成人的標準去批判孩子的言行。孩子需要的不是批評或社會常識，而是知心體己的同理，這才是培養他們同理能力的起點。

即便是一般認為缺乏同理能力的發展遲緩兒，身邊的大人如果懂得為他們發聲，代為道出心情感受，常對他們說體貼的話語，這些孩子也會逐漸養成同理能力。

一說到同理能力，首先浮現腦海的，就是女孩們的對話。看到朋友的打扮，她們會雙眼發亮，讚嘆說：「這衣服好可愛！」從小女生到成年女性，「可愛」成了共通語言。有人對自己說「好可愛」，就要向對方說「謝謝」，這便成為女性同理能力的範本。

對方有開心的事，她也跟著一起高興說：「真是太好了！」看到對方有好東西或漂亮衣服，也會讚美說：「好別緻，看起來真可愛！」察覺對方的神情和平日有異，便關心問道：「妳還好嗎？」女性的對話裡滿是激發同理能力的語彙，有如天女散花一般漫天飛舞。

相較於女性日常以同理能力做為溝通的基本手段，男性不僅同理能力薄弱，自我肯定感也容易受傷、受挫。這同樣是由遺傳基因一手主導的性別差異。

然而，即便是不善於感知他人情緒的男性，在自己追隨的體育競賽隊伍，或是運動員出賽時，同理能力也會全面啟動。體育競賽是奠基在「共同遵守遊戲規則」的前提下，互相競技、優勝劣敗的活動，這樣明瞭易懂的運作邏輯，正好符合男性「只要遵守社會遊戲規則，加緊努力，就可以在競爭中勝出」的直線型思考風格。

觀看冬季奧運，目睹遭遇逆風襲擊而失速的跳雪選手飲恨落敗，觀眾跟著一起懊惱，甚至一掬同情淚。為了某人的失誤而痛心，還是為了某人奪得金牌而歡欣鼓舞，或悲或喜的每一瞬間，都是同理能力的展現。觀戰的啦啦隊緊盯賽程的勝敗，那自然是一定要的，但筆者認為，許多喊加油的人其實是為了感受同理能力而來。

世界盃足球賽、橄欖球賽等全球運動盛會，何以能激起球迷發狂似的熱血沸騰，在決定性的得分瞬間，無論男女球迷都忘情地和身邊素不相識的陌生人興奮擁抱、激動歡呼，因為那就是同理能力的展現。

常有不知該如何教養兒子的媽媽，感嘆「男孩簡直就是外星人」。其實，大多數時候大人不必對孩子有太多意見，也無須說教，只要默默陪伴孩子，用平常心看待他們的日常，了解到「喔～原來有人是這個樣子的」，只要這樣做就可以了。必要時抓準時機，不著痕跡地應和孩子：「咦，然後呢？」「這個是怎麼弄的？」外星人兒子也會為了爸媽降落到地球上。想讚美孩子的時候，不必搞得太複雜，簡單一句「也對」、「真有你的」、「你說得沒錯」，就能充分表達你的同感，即可會意傳情。

如果要我選出一個可以強化同理心的魔法字眼，我會不假思索地說「大丈夫」[9]，語尾微微上揚，可表達你的關心和在意[10]；語尾下沉，表明你為對方加

9 譯按：日文漢字「大丈夫」，意思相當於中文的「沒事」、「不要緊」。
10 譯按：語尾上揚是疑問句，意思相當於「沒事吧？」。

油打氣的堅定支持之意。

男孩的媽媽，大可發揮女性與生俱來的高度同理心，循循善誘並守護兒子的同理能力。這或許正是讓「不懂兒子都在想什麼」而煩惱的媽媽，促進親子關係的大好機會。

不只是父母，所有的育兒工作者都應該重視自身的健康

把孩子健康養大的必要前提，就是所有參與育兒相關工作的人都應該保持身心健康的狀態。支持孩子的人生病了，孩子也會失去所依，甚至也會跟著生病。

帶孩子是相當消耗體力的勞動，尤其是親帶新生兒的媽媽，更遭遇到人生中最嚴重的睡眠剝奪。產後復原期的疲憊、腰痛加劇，加上寶寶需索無度的「喝奶奶」、「要水水」、「愛睏」、「要抱抱」、「好熱」、「好冷」等的需求，全都用嚎啕大哭來表達，在在令人心力交瘁。好不容易照顧到寶寶可以自己翻身、爬行，卻是一秒鐘都不敢讓

好動的孩子離開自己的視線。而對於開始能走能跳的孩子，更加不能鬆懈，就怕他們一轉身便做出危險舉動。如果說帶孩子拚的是體力，可真是一點也沒錯。

然而，育兒者的心理健康其實更重要。特別是媽媽必須在身心穩定的狀態下，方能夠對孩子自然流露母性、由衷傾注母愛。

筆者曾經收治過一位被媽媽漠視的男童。這孩子已經罹患「情感遮斷性身材過矮症」（maternal deprivation syndrome），四歲前的身高、體重幾乎未見增長，腦部也停止發育。關於這孩子的故事，本書最後一章將有進一步說明。有許多媽媽在產後會陷入憂鬱情緒。從懷孕到生產不過數個月時間，身體歷經荷爾蒙劇烈的起伏跌宕，還要承受不分日夜照顧寶寶的睡眠剝奪之苦，如果又是毫無育兒經驗的新手媽媽，內心的惶恐不安只會一天天加深。就在登上為人母的幸福巔峰之際，竟同時遭遇人生最大的壓力關卡，幾番折騰下來，從憂鬱情緒掉入憂鬱症的媽媽絕非特例。到了這個地步，再可愛的心肝寶貝也一點都不覺得可愛了。

「我竟然不愛自己的孩子！這樣是不是不正常？」「我怎能對別人說不愛自己的孩子，這種事根本無法找人商量」……憂鬱的媽媽就這樣不斷把自己逼入絕境。

照顧新產婦的身心健康，是公共衛生師、產科醫療團隊與產婦家屬的任務。不嫌棄的話，我們小兒科醫師也願意竭誠為媽媽們服務。希拉蕊在全美國小兒科醫學會的演講上，曾特別強調：「孩子的健康有賴父母的身心健康，而守護父母健康的，正是小兒科醫師。」厭世媽咪面臨世界末日的無助心情，在找到適當的傾吐對象以後，或許可以卸下心頭重擔，安然度過情緒危機。

不只是媽媽有情緒低潮，升格人父的爸爸也有他們的苦惱。小寶寶老是半夜啼哭，影響睡眠，害自己第二天早上起不來，差點誤了上班時間。向老婆抱怨幾句，換來老婆惡狠狠地回敬：「孩子是我一個人的嗎？」下班回家不再是件快樂的事，歸途成了爸爸的畏途。

孩子的祖母或外婆通常是家中協助育兒的台柱，可是她們的力不從心也是一大問題。小孫兒儘管可愛，老人家的體力往往跟不上調皮搗蛋、精力充沛的小男孩，為此累倒的所在多有。不是每個爺爺奶奶都有足夠的體力來照顧孫輩，勉強為之就怕「兩敗俱傷」，建議求助地方政府的相關窗口，尋求鐘點育兒員的協助等，以便有個可以輪替的幫手。

身為小兒科醫師的我，所求的不外乎孩子們都能健康快樂的成長，為此，孩子的爸爸、媽媽、爺爺、奶奶、育兒員也都要身心健全、開心過日子才可以。大人為了把身邊的孩子帶好，總是不自覺地將自己的需求擺在後面，然而，如果真的是為孩子好，自己的身心健康管理必定要擺在第一位。

男女生而平等，但性別特質不同，各有不同的任務

孩子的遺傳基因一半得自父親，一半得自母親，這是鐵的事實，不容抹滅。然而只要孩子的表現不如己意，父母就開始互推，「都是遺傳妳的基因」、「還不是跟你一個樣」，成了夫妻吵架必定搬出來的「對罵台詞」。

該如何教養子女，夫妻不同調，甚至針鋒相對的狀況時有所見。

男性和女性，不只是生理構造有別，見解也不一樣，這雖然與後天的養成有關，但是先天遺傳基因的影響恐怕才是主因。現代女性勇於進入職場，兩性在經濟能力與社會資源分配的差距逐漸縮小，因此普遍認為「男女應該一視

同仁」，但其實兩性仍然有著先天上的差別。關於這一點，只要從男孩和女孩在學校的擅長科目不同，即可見一斑。普遍來說，男孩在理科實驗與社會科地圖製作的表現占優勢，女孩擅長發表讀書感想，而且在國語測驗上比較占優勢。也就是說，男性和女性在理科和文科各擅勝場。

在這裡稍微插播題外話。醫學過去一直被歸類為自然科學的學門，但如今已經逐漸轉向人文社會學靠攏。的確，探究病因的形成與尋求解決手段，都必須透過科學方法，但是在這些必要的專業科學技術之外，醫療人員還需要具備傾聽患者的同理能力，以及充分與人溝通的表達能力，這些都是ＡＩ人工智慧無法取代的人性力量。

帶孩子的過程中，父性與母性都有各自發揮優勢的地方。比方說，孩子鬧著不願去上學，爸爸對拒學的孩子，通常會曉以大義說，「社會有社會的規矩，大家都得上學，你也不能例外」，反正就是想盡辦法說服孩子繼續去學校。然而母親的態度就務實多了，她們認為，孩子不想去學校必定事出有因，得直接問孩子找出背後原因。

男性以社會秩序為首要考量，容易傾向多數決。女性則是單點突破，重視直覺和感受。在雙親的思考特質之間求得平衡，是父母養育孩子、守護孩子成長、成為孩子強力後盾所必要的努力。

當今的醫學講求的是「實證醫學」[11]，但筆者的一位友人是著名腦外科醫師，對於醫界堅持的實證醫學，曾發表過一句名言。

他主張用一種創新療法來治療腦部重症病人，但是醫學界普遍認為現階段的成功案例太少，也就是「實證不足」，因此始終無法認同他的主張。對此，他說了一句話：「猴子飛上天。」

這句話究竟是什麼意思呢？「猴子不能飛上天」，這是人人皆知的常識，但只要有一隻猴子飛上天，就足以推翻常識。實乃善哉斯言。

我的這位朋友是出生於中國的印度人，在美國受教育。想必是這樣的遺傳基因與成長背景，養成他靈活而獨樹一幟的思考風格。

11　譯注：實證醫學（Evidence-Based Medicine），又稱「循證醫學」，是從龐大的醫學資料庫中，以統計學與流行病學的方法，分析資料，得出結論，並依此結論制定出最佳醫療決策。

女性的思考模式，猶如「看見猴子飛上天」，哪怕是僅此一次的個人經驗，也會確信不移地放手去做。而這就成為她們在守護孩子時，莫大的「女力」。母性的美好素質，是她們得自遺傳基因的天性。當然，男性的內在也具有相當的母性成分。反觀父性，卻很可能是來自社會學習；也就是說，人類社會或許才是「父性誕生的故鄉」。無論男孩或女孩，在母性的守護下孕育自我肯定感、自主能力與同理能力，而在社會的調教過程中漸次養成父性。

為了孩子的未來著想，父親的著眼點與母親的判斷難免有衝突。相對於父親傾向於根據大量數據、從客觀角度從長計議，母親更傾向於根據發生在眼前的具體事實，做出直覺判斷。

爸爸會說：「妳就不能多用腦袋想想嗎？」媽媽則反問：「你為何不用自己的眼睛仔細看！」雙方因此僵持不下。

從遺傳基因的劇本來說，筆者始終認為男性和女性走的是兩種截然不同的思考迴路。如果能夠以更為寬容的態度，傾聽對方的意見，認同「原來還有這種看法」，那麼，男女之間的對話將會變得十分有意義。

慢慢眨眼+傾聽，能讓孩子打開心房

世人對於前美國總統巴拉克・歐巴馬正式訪問廣島和平紀念公園，向國際發表感人演說的情景[12]，應該仍記憶猶新。據說，他過去在演說中總是不自覺頻頻眨眼，還為此接受矯正訓練。

歐巴馬曾接受眨眼習慣矯正的事鮮為人知，倒是他的演說魅力迷倒眾生，是位舉世皆知的講話高手。而說到眨眼，筆者身邊就有一位「眨眼高手」，這位女性的眨眼時機之精妙，總是令我嘆為觀止，她不是別人，正是吾家太座大人。

和筆者的眨眼速度相比，太座的眨眼速度堪稱「慢動作播放」，所以拍出來的照片十之八九半閉著眼睛，淪為失敗之作。但是我感覺到她的慢動作眨眼，卻是解開對方心防的利器。她的「眨眼力」真可說是渾然天成的才華、得自遺傳基因的天賦。

即便是訓練有素的人，在大庭廣眾之下發表談話，仍然不免緊張，不自覺暴露出個人習性。筆者站上演講會或研討會的講台發表演說，總是遭到「說話像機關槍掃射，一口氣講太多」的指正。可想而知，我眨眼的速度也像我說話的掃射速度一樣快。

有意識地提醒自己「慢慢眨眼」，無關乎提升眼力，而是給對方「我可以對這個人說真話」的信賴感。相反地，眼睛眨巴個不停，容易啟人疑竇，讓對方心生懷疑、不安。

要對孩子傳達重大訊息時，不妨事先對著鏡子，練習慢慢眨眼說話。當孩子看到爸爸媽媽緩緩眨眼的安穩神情，或許會不自覺地將學校發生的不愉快，還是平日難以啟齒的事都和盤托出。

每當太座大人緩緩眨著眼睛傾聽筆者說話時，我感覺工作上的疲憊與紛擾都在頃刻間煙消霧散。緩緩眨眼對大男人尚且有這樣的效用，何況是對心思相對單純的孩子來說，作用或許更為可觀。

在親子關係遭遇瓶頸時，不妨試試「緩慢眨眼傾聽」。也許不只是孩子買單，就連另一半都能歡喜呢！

12 譯按：這裡是指二〇一六年五月二十七日的訪日行程。

CHAPTER 4

病童教我的事

我身為小兒科醫師，與許多病童有了生命的交會，
見識到孩子與生俱來的強大能力與造化弄人的威力。
我也把這些寶貴的學習，
分享給在育兒上患得患失的父母。

出生就失去母愛的孩子，仍保有對母親的孺慕之情

我們小兒科醫師以守護孩子的身體與心理健康為職責，本來應該是守護者的角色，卻往往反過來受教於孩子更多。他們不僅教導我許多可貴的真理，也帶給我迎接明日的勇氣。

這些孩子有的來不及長大便蒙主寵召，更多孩子奮力搏命，終於長大成人，活躍於社會上。在分享這些孩子不畏命運的艱難險阻、勇於掙扎求生的感人故事之際，也一再令我不得不對遺傳基因的頑強，以及後天環境的巨大作用力感嘆再三。

某天，四歲的R小弟因為「身材矮小」被送到醫院。仔細檢查，發現他這

一年來體重不僅沒有增加，甚至還減輕了一些。

一開始，我們都擔心會不會是生長荷爾蒙不足，或是心臟病等慢性重症疾病引起，也懷疑是染色體或遺傳基因異常造成，但是這些可能性都在進一步檢查以後被一一排除。

這時，我們終於發現一件事實，那就是R小弟的媽媽在生下他不久，就發覺自己對這孩子沒有一點感情。她看著孩子，完全沒有任何「親生骨肉」的真實感。寶寶的吃喝拉撒睡，她樣樣不缺地照顧如常，唯獨絲毫不帶感情，沒有給孩子一丁點的母愛。萬幸的是，我們幫孩子做檢查，全身並未發現一點皮肉傷或瘀青，也沒有任何骨折，說明孩子並沒有受到暴力虐待的跡象。

最後，我們判定這孩子是罹患了「情感遮斷性身材過矮症」。

為了分離R小弟母子，我們首先要求孩子住院，讓R小弟受到院方的保護，全面禁止母親會面，再另外安排母親到其他門診接受治療。

面無表情的R小弟，彷彿成天戴著能劇的面具，都不和任何人說話，也不與人有眼神接觸。醫護人員故意找他說話，他便倒頭翻身，背對著所有的人。

剛住院的孩子，有這樣的表現並不稀奇，但眼見過了好些日子，R小弟仍然不願和任何人溝通。一想到他平日在家中，莫非也是這個模樣，就讓我感到十分心疼。可以想見，住院生活和家庭環境完全沒得比，而且R小弟又無法見到父母，看起來又更加孤獨寂寞了。

為了逗長期住院的院童們開心，盡可能讓他們過著尋常生活，我們這些醫護人員全都費盡心思。醫生和志工教他們讀書寫字；七夕會有年輕護理師和醫師為他們唱歌、演紙偶劇；耶誕節還會有聖誕老公公和馴鹿來拜訪。遺憾的是，即便我們卯足了勁，住院的日子仍然遠遠比不上溫暖的家庭生活。

R小弟一天三餐都有小兒科醫師或護理師陪伴，就算他完全不搭理，我們還是在他吃飯的時候，不斷找話題和他聊。病房的保育員和臨床心理師也經常和他說話，時間允許的話，還會陪他一起玩遊戲。無論任何時候，院裡總會有人掛心著R小弟，照看他、關心他。

住院生活儘管談不上舒適愉快，但是全體醫護人員和其他住院的孩子都很喜歡R小弟，不知不覺間，他成了全院的人氣王。

當然，住院期間，R小弟也經歷了很多心酸難過的事。

有位溫柔的小姊姊，入院的時候還好端端的，然後就看著她一天天失去活力光彩，漸漸吃不下飯，只能一臉慘白的終日臥床，再也無法陪R小弟一起玩。不久，小姊姊滿頭的秀髮也全都掉光光。一直同住一間病房的小哥哥，是R小弟最要好的玩伴。有天，小哥哥不斷向大人抗議：「不要不要，我絕對不要手術，我會死掉！」卻還是被推出病房，從此一去不回，獨留R小弟繼續留守醫院。就R小弟的感受來說，醫院應該是個可怕的地方吧！

即便如此，在住院期間，他的身高開始抽長，身上也長出肉來，並且結交了很多醫護人員和住院病童朋友。整整花了兩年時間，他終於成為「一般的」孩子。R小弟身上還有一處跟著身高、體重一起茁壯的，那就是頭圍。

入院前久久不見增長的頭圍，在住院生活的調養下，也恢復正常了。這就說明，沒有情感交流的照顧環境，會讓孩子的腦部停止發育。就連非洲營養失調的寶寶，頭圍也可以正常發育，雙眸晶亮有神。但是R小弟並非營養失調，家中有溫暖的被窩可以睡，腦部卻因為缺乏照顧者的愛而受到傷害，可見得「疏忽」這件事何等邪惡。父母的愛在冥冥之中足以成就多麼強大的成長力量，缺少了父母的愛又會造成何等可怕的後果，R小弟為我們做了親身示範。

終於，R小弟可以出院了！

然而他的母親仍然狀況不佳，所以R小弟只得轉介到兒福機構展開新生活。

小學入學這天，是幼童踏出家門，「出社會」的第一步。在這之前的人生，被稱為「社會胎兒期」，這一天，他們就要「破蛹而出」，練習適應社會化的校園生活。對於R小弟能否順利步出「社會胎兒期」，我們其實並沒有信心。但是他終究跨出了這一步，展開從機構通學的日子，而且與所有入學的新生一起，迎接了一場盛大隆重的入學典禮。

入學典禮那天，R小弟的媽媽得到事隔多年後的第一次面會許可，得以親臨觀禮。當天，她會抱著什麼樣的心情去學校，與多年未見的孩子相會呢？是不安、悔恨、懺悔、還是歡欣？

等待這場母子相聚的R小弟，見到媽媽的第一句話，竟然是：

「媽媽……這真是太好了！」

R小弟為什麼這樣說呢？

原來，我們小兒科醫療團隊在R小弟出院時，曾經對他說了善意的謊言：

「你媽媽病得很嚴重，所以你還不能回家，必須先待在機構裡和小朋友一起生活。」

我猜想，R小弟住在機構時，莫非這樣認為：

「媽媽不能來看我，一定是生重病的緣故。」

而多年不見的媽媽，可以出席自己的入學典禮，被R小弟解讀為：

「啊，媽媽來看我了……這就表示媽媽的病情好轉了。」

從出娘胎以來，就不曾體驗過母愛的R小弟，內心的某處還是掛念著媽媽的病情，始終期待著母子相會的希望之火並未止息。孩子渴望著母親的遺傳基因狀似無聲無息，卻千真萬確的發揮著作用。R小弟即使遭遇大腦萎縮這般嚴重的身心創傷，遺傳基因的力量依舊延續著一脈生息。母親或許會因為疾病而喪失母性，但是孩子孺慕雙親的基因作用卻未曾失靈。

在罹患「情感遮斷性身材過矮症」而萎縮的腦部深處，以及在入院當初面無表情的無感背後，孺慕著父母的遺傳基因始終堅定守護R小弟。造化弄人的可怕與遺傳基因之強大，讓筆者震顫不已。

「對孩子不聞不問這種事，和我一點關係也沒有！」

可別說得這麼篤定，只要稍不留意，誰都可能成為忽略孩子情感的父母。

父母親也是人，會有做得不好的時候，或許會在忍無可忍的衝動之下出手教訓孩子，但無論如何，就是不可以對孩子漠不關心、毫不在意。哪怕是為生活忙得暈頭轉向，或是正在和朋友們交換各種心得的熱頭上，還是處在夫妻口角不斷的惡劣情緒中，唯獨對孩子的關愛，絕對不能因為任何理由而放棄。

克服小兒白血病努力成為媽媽，絕不能忘記親子共處的時光

以下是S女士的故事。三十多歲的S女士是我的門診病人，早在中學的時候，她就因為罹患小兒白血病住院，治療期間又併發髓膜炎。

S女士不僅克服了艱苦的白血病療程，也咬牙撐過最嚴重的髓膜炎併發症。她的白血病至今未再復發，也沒有留下手足麻痺的後遺症。當年的她自從力克白血病以後，盡情謳歌人生，精彩地過著每一天。冰雪聰明的她完成大學的學業，又到海外留學，接著進入職場，而後成為人妻、人母，與溫柔體貼的丈夫、一對寶貝兒子過著和樂融融的家庭生活。

但是有一天，她悶悶不樂地出現在我的診間。

「我看著蜜月旅行的照片，本該是很甜蜜的回憶，我卻一點感覺也沒有。」

S女士的記憶開始一點一滴的喪失。我研判是過去接受白血病治療的後遺症，如今引發腦部記憶障礙。

面對失憶的威脅，各位認為，S女士最害怕失去的，會是生命中哪個部分的記憶呢？

「我現在全心全意照顧的兩個孩子，但等他們將來長大成人以後，我竟然會完全記不得自己曾經如此愛過他們。為人母的幸福、與家人共同生活的美好記憶，這一切的一切，未來的我再也無法說給孩子們聽。我實在無法忍受這樣的自己，高橋醫師，拜託你一定要幫幫我。」

一想到帶孩子的所有酸甜苦辣都將從記憶中消失，S女士就止不住淚流滿面。這也間接說明了，她現在的家庭生活是多麼幸福美滿。S女士深切的悲傷不在於自己即將失去記憶，而是將來無法親口告訴孩子，他們曾一起度過的美好人生時刻。

白血病、抗癌劑、放射線治療、髓膜炎、癲癇發作……捱過這麼多病痛與治療的摧殘，S女士都不以為苦地撐過來了，現在卻因為不久的將來無法親口對孩子講述自己為人母的各種喜悅，而面臨難以克服的精神磨難，讓她對未來深感絕望。真教我吃驚不已，莫非這就是母性？

然而，又有多少孩子是直接從媽媽口中，聽到她講述帶孩子的甜蜜回憶，自己又是如何用滿滿的愛將孩子拉拔長大。在媽媽呵護下成長的記憶，早就刻畫在孩子的遺傳基因裡，當S女士來到四十多歲、五十多歲的時候，或許早就已經記不得自己如何把孩子帶大，這時候輪到孩子向媽媽講述他們記憶中，有媽媽照顧與一路陪伴的美好過往。我開導S女士說，媽媽的記憶會由孩子承接，她只管用平常心享受眼前為人母的滿足，樂在每天與孩子相處的點點滴滴即可。只要今天過得幸福，未來也必定留有溫情。

過去被認為不治之症的小兒癌症、被視為存活無望的超早產兒，如今都因為醫學的日新月異而出現生機。隨著治癒率提升，我們不能只是救命，還要為病童的早日康復，以及康復後的生活設想。S女士的例子，讓我再次深刻體認到，小兒科醫師的任務，不只是協助孩子克服成長過程中的困難，連同他們談戀愛、結婚、生子、養育下一代的幸福人生，都是我們的守護範圍，認真想想，我們管得還真多呢！

夭折的天使少年，在生命的最後，展現出堅強的小大人模樣

兒童病房裡，滿是孩子們為生命奮戰、努力活下去的故事，我認為他們的經驗，可以給面臨育兒煩惱的父母作為一個很好的啟示。說說他們的故事，在本書記上一筆，也是我對某些聰慧、勇敢的小天使，曾經到訪過人間的一種紀念儀式。

接下來還請大家多陪陪我，聽我再說一則兒童病房裡的故事吧！

小兒科病房收治許多因為小兒癌症和心臟病等重症，與死神搏鬥的孩子們。身為小兒科醫師，我們一再看著病童在治療過程中反覆住院出院，終至生命力油盡燈枯。然而，無論送走多少孩

子，我們都不曾因此習以為常，乃至麻木無感，每次總是伴隨著力有未逮的遺憾與悔恨。

「已經做好死亡覺悟的孩子，都會變得有如天使一般。」

我的一位老前輩曾經這樣說過。

K小弟是個蠻不講理、任意妄為的孩子。因為長年罹患惡性腫瘤，出入病房有如家常便飯。住院期間，他總是不遵守就寢時間，動輒對護理人員大小聲，經常在走廊上東奔西跑，總之，就是盡幹一些叫人生氣的事。這個老是對人惡眼相向的男孩，即使在化療期間也一身蠻勁，四處搗亂。

某天，K小弟忽然幽幽道出自己的願望說：「我想要在死前去一趟夏威夷。」當年，他只不過是小學低年級的孩子，對死亡究竟懂多少？說出這句話的他，對死亡又是抱持著何等的覺悟呢？想必是他的主治醫師明確告知本人，「治療恐怕已經到了極限」。人在面臨生死交關之際，往往展現驚人的意志力與決斷力。我們為一圓K小弟的願望，為他發起專案募款，K小弟也強打起精神，拖著殘弱的病體，完成夏威夷旅行的夢想。

小兒科病房原則上禁止十五歲以下的手足會面，為的是避免造成感染。但是對於死期迫近的院童，院方也有變通辦法，就是讓病童的手足經由醫療人員專用的出入口進入病房，透過嚴密的防護措施，給病童手足團聚的機會。

已經許久未曾見面K小弟的弟弟，就是藉由這樣的安排，得以見到自己的哥哥。院方之所以通融，講白了，因為這是他們小兄弟此生的最後一面。

小兄弟的媽媽明白這次會面的意義，哀傷到無法自己，在兩個兒子面前不停嗚咽啜泣。

這時，K小弟對媽媽開口了：

「媽媽這樣哭哭啼啼，我怎麼安心地走呢！」、「妳別發呆了，去幫弟弟買他喜歡吃的漢堡來吧！」

這一瞬間，K小弟不自覺地流露出小大人模樣。而在會面後不久，K小弟就撒手人寰了。

無論多麼調皮搗蛋、讓醫護人員傷透腦筋的孩子，在人生的最後，個個都成了好孩子。健康的孩子也好，生來殘疾的孩子也好，罹患重病的孩子也好，想必在每個孩子心中，都住著一位遺傳基因精心描繪的善良天使。孩子用他們高貴的心靈，默默守護著我們大人的日常言行，誰敢粗率對待這些善良天使，可是會遭到天譴的！

寫在後記之前

稚嫩的孩童什麼都不必做，我們只是看著，就會不自覺地舒眉展顏。他們如果望向你，開心地笑一個，再舉起小手對你輕輕一揮說 bye-bye，可愛的模樣便讓人頓時感到世界真美好，自己的一顆心都要融化了。看到幼小的孩子會油然而生「好可愛」的感動，其實是內建在人類遺傳基因裡的機關使然。所以爸爸媽媽在面對新生兒的時候，會立刻無條件地灌注滿滿的愛，在幸福感的催化之下把孩子帶大。

即使是膝下無子的人也一樣。沒有經歷過生產經驗的婦女，一樣具備母性，沒有孩子的男性也一樣擁有父性。不但如此，母性與父性會在每個人身上同時共存。男性具備與生俱來的母性，女性也同樣具備父性。就算你沒有孩子，只要與孩子接觸，男性自然會父性充滿、母性覺醒；而女性也會母性綻放、父性萌動。

身為社會的一份子，透過人人參與「照顧下一代」的盛事，不僅豐富個人的心靈，也豐富了整個大社會。

迎接人生百年的時代，耳邊經常聽聞「老康健」或是「幸福的老後」等流行語。「高齡化」被「幸齡化」所取代，老後的生活品質才是大家關心的重點。

各位可曾想過，我們心目中的幸福高齡社會，是建立在何種基礎上？沒錯，「幸齡化」正是建立在國家幼苗的品質之上。參與照顧社會下一代的任務，無論是用來防止銀髮族的母性或父性式微，還是強化個人的自我肯定感，都能收到極大的效果。雖然飼養寵物或是ＡＩ機器人也是不錯的選擇，但是與孩子們的互動，更能夠帶來無可取代的幸福時刻。

在電車上、在餐廳裡、在商店街或超級市場、公園等任何場合，都能見到孩童們歡笑的身影，這是健康長壽社會所不可欠缺的要素。

無可諱言的，孩子是尚未成熟的個體，他們很可能不看場合就大聲哭鬧、橫衝直撞、搞破壞、任意攀爬、到處弄得髒兮兮，但這就是孩子。你為此眉頭打結，抱怨家長沒管教好，也只是自討沒趣。儘管如此，孩子絕不會存心加害於人，這與其說是他們遵守社會規範，不如說這就是他們的本能。或許他們天生知道，即便是在兵荒馬亂的時代，存有害人之心是無法見容於天地的。

你能想像沒有孩童的社會嗎？

那會是多麼死氣沉沉，甚至是肅殺的世界……「才不呢，小孩就是吵鬧不講理的麻煩精，我只想生活在全是大人的安寧環境」，讀者當中有人是這樣想的吧！然而，你卻沒想到，少了孩子的世界固然沒有嬉鬧的吵雜聲，但將會是個單聲道的社會。

孩子忘情的嘻鬧聲、吵架的哭鬧聲、五音不全的歌聲、在牆上的胡亂塗鴉……沒有秩序的歡鬧和盡情的玩耍，這些行為舉止都讓孩子的世界豐富無比。

任憑日本社會上下如何力挽狂瀾，還是守不住百萬新生兒的大關，二〇一七年的日本新生兒人數，已經銳減到九十四萬一千人。這讓我不禁聯想到《格林童話》中的〈哈梅爾的吹笛人〉，身著彩衣的吹笛人似乎正在一步步迫近當中。這個以德國鄉村為舞台的故事，講述一名吹笛人，為報復村民不願付給說好的酬勞，一氣之下用笛聲吸引村裡的孩童，帶走全村的孩子。這是一則帶有格林兄弟一貫諷刺色彩的故事，儘管形式上或許稍有不同，然而故事不只是故事，就怕這令人毛骨悚然的氣息，哪天會在現實世界裡成真。

有一則時事新聞是這樣報導的：某地方原本要設立幼兒園，卻因為附近居民唯恐孩子的嬉鬧聲太擾人，群起反對，幼兒園成了「嫌惡設施」，最後撤銷在當地的設立計畫。患有「孩童過敏」的社會，無論對哪一個世代來說，應該都不是宜居之地。我認為，即使面對素不相識的孩童，也應該懷抱感謝之心，感謝有孩童此時此地出現在這世界上。能夠好好地對待孩子，是高度文明的展現。

有人巴望著送子鳥降臨卻苦求不得，相反地，也有人下定決心就是不要生小孩。但無論如何，沒有孩子的人，自己曾經是小寶寶，也當過孩子，即便沒有生養自己的小孩，還是可以加入大社會的育兒圈。

電車上見到寶寶或兒童，哪怕只是在四目相交時，對他們展露一個微笑，你就已經加入大社會的育兒圈當中了。因為孩子彆扭哭鬧，而在公共場合狼狽不已的父母，給他們一個體諒的溫柔眼神，告訴他們「沒關係、別在意」，這是我們都能做到的。

雖然只是一些不足掛齒的小動作，但是匯聚起來就能夠為育兒的父母與他們的孩子帶來幸福，僅只是這樣的貼心之舉，便足以讓社會全體變得幸福。

這就是我的心願。

後記

筆者四歲的時候，父親因為腦腫瘤病逝，母親一個女人家帶大我和弟弟。我們是單親家庭，領的是政府的低收入補助，上高中前，我不知什麼是家庭旅行，晚餐的咖哩裡面永遠只有便宜的魚肉腸。

祖父接濟我們的教育費，全都被母親花光，誠如我在內文中所述，她從來不想要孩子們用功讀書。母親是在知道父親患有腦腫瘤宿疾之下，仍與父親共結連理。我記得她曾語氣淡定地說：「那時只聽說腫瘤長在無法用手術切除的部位，壓根沒想到這會要人命。」這究竟是母親遲鈍，還是她的膽大無畏呢？值得慶幸的是，我們兄弟倆並沒有因此失去自信，仍然忠於自己的意願，走自己的人生路。插播說明，舍弟大學讀的是機械工學，至今一心鑽研能夠送上外太空的堅固陶瓷科技材料。

出身單親貧苦家庭的我，非常幸運獲得學費全免的獎學金，順利完成醫學系學業，成為小兒科醫師，也因此認識了數萬名孩童。即便幼年失怙，經濟困頓，我相信自己並未從父母身上繼承到不良遺傳基因的影響。

母親晚年對於讓我們兄弟小時候吃苦，還把我們的教育費擅自花掉而懊悔不已，哭著向我們道歉。她哭得像個孩子似的，連聲說「對不起」。

雖然她總是要兩個兒子別用功讀書，但是當我通過國家醫師資格考試的時候，她還是由衷為我感到高興，說我「真厲害」、「努力有成」。父親三十三歲英年早逝，在我活過這個年紀的時候，母親像是終於放下心頭重擔似的，鬆了一口氣。也許對她來說，自己的育兒責任直到這一天才總算完了。

為了養兒育女而煩惱、沮喪的媽媽。

對孩子滿懷歉意、請求原諒的媽媽。

沒事的，因為再也沒有比悔恨交加更深刻的親情之愛。

筆者對自己的父親幾乎沒有印象，隱約只記得他好像經常頭痛，房間總是拉上窗簾，所以光線昏暗，唯獨那一天的景象，我至今記憶鮮明。

我和弟弟一直都是自己用餐，那天，我忽然心血來潮，端著自己的餐盤到父親房間，宣示說：「我今天要在這裡吃飯！」母親立刻嚴詞命令我：「到房間外面去吃！」

「沒關係，就讓他留在這裡。」

父親這句話，是我對他唯一的記憶。我們父子之間應該也有過其他的日常對話，但不知為何，我就只記得這件小插曲，實在令我深感不可思議。或許，父親想要陪伴孩子、不願兩個幼子老是自己吃飯的深切無奈，全在這句話裡一語道盡。他的心情牢牢刻畫在當時不過三、四歲的我心中，儘管只是短短一句話，儘管我們父子相伴的時間何其短暫，父性仍然發揮了它強大的作用。

世上的父親們，大家也要一起加油。在養兒育女的舞台上，男人也有男人的本分，不愁沒有自己的表現空間。而如果你是沒有孩子的人，也請將你的父性和母性分享給生命中遇到的孩子們，再小的分享都彌足珍貴。

最後，我要感謝生我養我的母親清子女士，以及和我一同攜手共度人生的愛妻才知子。

衷心感謝妳們。

寫於
二〇一八年　六十一歲生日

慶應義塾大學醫學部
小兒科教授
高橋孝雄

教養生活56

兒科權威傳授的最高教養法：放下焦慮，耐心陪伴，相信孩子的能力，就是最好的教養

作　者—高橋孝雄
譯　者—胡慧文
副主編—郭香君
責任編輯—龍穎慧
責任企劃—張瑋之
視覺設計、內頁插畫—季曉彤
內頁排版—新鑫電腦排版工作室

編輯總監—蘇清霖
董事長—趙政岷
出版者—時報文化出版企業股份有限公司
10803 台北市和平西路三段二四〇號一至七樓
發行專線—（〇二）二三〇六六八四二
讀者服務專線—〇八〇〇二三一七〇五
（〇二）二三〇四七一〇三
讀者服務傳真—（〇二）二三〇四六八五八
郵撥—一九三四四七二四 時報文化出版公司
信箱—10899 臺北華江橋郵局第 99 信箱
時報悅讀網—http://www.readingtimes.com.tw
綠活線臉書—https://www.facebook.com/readingtimesgreenlife
法律顧問—理律法律事務所　陳長文律師、李念祖律師
印　刷—勁達印刷有限公司
初版一刷—二〇二〇年二月二十一日
定　價—新台幣三〇〇元
（缺頁或破損的書，請寄回更換）

時報文化出版公司成立於一九七五年，
並於一九九九年股票上櫃公開發行，於二〇〇八年脫離中時集團非屬旺中，
以「尊重智慧與創意的文化事業」為信念。

兒科權威傳授的最高教養法：放下焦慮，耐心陪伴，相信孩子的能力，就是最好的教養 / 高橋孝雄 著；胡慧文 譯 . -- 初版 . -- 臺北市 : 時報文化 , 2020.02
面；　公分 . --（教養生活 ; 56）
譯自 : 小児科医のぼくが伝えたい 最高の子育て
ISBN 978-957-13- 8085-8（平裝）

1. 育兒　2. 親職教育

428　　109000572

ISBN 978-957-13- 8085-8
Printed in Taiwan

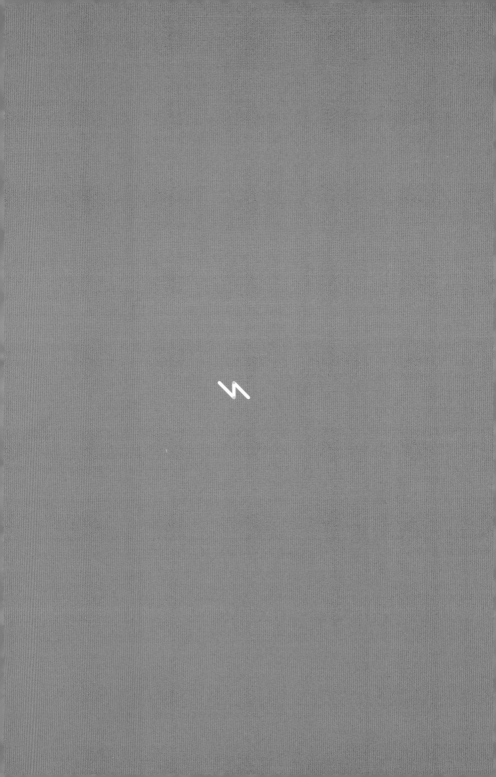